T0132966

HISTOIRE ET PHILOSOPHIE DES SCIENCES
sous la direction de Vincent Jullien et David Rabouin

27

Descartes et ses mathématiques

Descartes
et ses mathématiques

Sous la direction d'Olivia Chevalier

PARIS
CLASSIQUES GARNIER
2022

Olivia Chevalier est docteur en philosophie. Elle a consacré ses recherches doctorales à la méthode analytique chez Descartes. Elle enseigne les sciences humaines à l'Institut Mine-Telecom, à Sciences Po Saint-Germain-en-Laye et aux Ponts.

ISBN 978-2-406-12653-9 (livre broché)
ISBN 978-2-406-12654-6 (livre relié)
ISSN 2117-3508

AVANT-PROPOS

Le *Discours de la méthode* sert de préface à trois essais scientifiques : *La Géométrie, Les Météores* et *La Dioptrique* (où est énoncée, entre autre, la loi de la réfraction, qu'on appelle aujourd'hui « loi de Snell-Descartes »). Il expose quatre préceptes auxquels se réduit la méthode générale de résolution de tout problème rationnel. Une telle « recette », comme l'appelle Leibniz, suffit-elle à rendre compte de la complexité de la pratique scientifique cartésienne à l'œuvre aussi bien dans *Les Essais* que dans les autres écrits ? Se contenter de la démarche du *Discours* conduit à méconnaître ou à rejeter hors du système cartésien, les textes, mathématiques en particuliers, où une pratique différente se développe.

Il n'y aurait donc pas *une seule* méthode cartésienne, illustrée par les procédures, certes révolutionnaires, de la *Géométrie* de 1637. Il y aurait plutôt *des* méthodes, qui seraient autant de transgressions d'une version orthodoxe de « faire » des mathématiques et de la science. Ainsi, on aurait affaire à des pratiques et des usages cartésiens des mathématiques très variés.

Le but du présent ouvrage, réunissant des contributions de spécialistes de Descartes mathématicien et savant, est d'exposer ces différentes pratiques mathématiques marginales de Descartes, officiellement exclues par la *Géométrie* de 1637, mais qui sont pourtant engagées dans sa réflexion théorique, comme en témoigne sa *Correspondance*.

« Pluralité des pratiques » signifie à la fois diversité d'opérations et d'objets. On montrera que cette pluralité n'invalide aucunement la « méthode » de Descartes. Loin d'introduire une contradiction dans sa pensée, elle témoigne au contraire de sa richesse et de sa vitalité. Elle atteste la volonté de Descartes de résoudre tous les problèmes mathématiques qui se posent à lui, même ceux dont il considère qu'ils n'admettent pas de solution « recevable » mathématiquement. Elle exprime donc cette tension propre à celui qui, ayant créé un cadre théorique puissant et entièrement nouveau, souhaite tout y comprendre, mais se rend compte immédiatement qu'une foule d'objets et de problèmes s'y dérobent. Cette capacité à sortir en permanence du cadre sans le faire éclater et pour le conforter[1] a permis à Descartes d'éviter de construire un système clos, et à sa place d'édifier une théorie ouverte qui, par définition, comporte des contradictions latentes et des propositions non démontrées (et peut-être non démontrables). C'est cette ouverture théorique qui a donné naissance aux sytèmes cartésiens qui le prolongent en le critiquant (Spinoza ou Leibniz) et anti-cartésiens (Locke ou Berkeley).

Dans une première partie, nous abordons la pratique mathématique « hétérodoxe » de Descartes. On y découvrira un Descartes inattendu, qu'il s'agisse d'algèbre, d'arithmétique ou de physique (la physique cartésienne, parfois fantaisiste, est en tous cas infidèle au principe de mathématisation stricte de la matière qu'implique sa réduction à l'étendue). On questionnera le rapport de Descartes à la géométrie euclidienne, fondement de l'intelligence de la nature. Nous verrons l'importance de la dimension ontologique dans cette pratique.

La seconde partie prolonge ce dernier aspect, en adoptant une approche méta-théorique et métaphysique. Y a-t-il une philosophie cartésienne des mathématiques ? Et quel dispositif logique révolutionnaire s'origine dans la démarche du *cogito* ? Enfin, quel nouveau rapport de la rationalité et, plus précisément, de la démarche démonstrative, à l'infini, en découle ?

Ainsi, on verra à l'œuvre un Descartes enfreignant nombre des interdits érigés en contraintes canoniques dans la *Géométrie*, afin de résoudre tel problème mathématique ; ou encore adoptant une explication mathématique des phénomènes physiques qui implique une autre définition du terme « mathématique ».

Aussi, derrière le roi de la méthode et de la rigueur, si ce n'est de la rigidité, découvrons-nous un Descartes mathématiquement polymorphe.

---

1   Sur un autre plan, celui de la métaphysique, on observe cette tension avec les thèses de la distinction réelle et de l'union réelle de l'âme et du corps. Ces thèses résolvent des problèmes autant qu'elles en entraînent de nouveaux, énonçables seulement dans ce nouveau cadre dualiste.

PREMIÈRE PARTIE

LES MATHÉMATIQUES DE DESCARTES

LA CLAIRVOYANCE CARTÉSIENNE
SUR LA NOTION DE LIMITE

L'objet du présent travail consiste à souligner la prudence cartésienne envers la notion de limite. J'ai eu l'occasion de défendre une classification des mathématiques cartésiennes en quatre catégories[1] et je crois que la première catégorie, celle des *mathématiques conformes à la méthode* est justement sous la dépendance du concept de limite. On peut alors constater les effets négatifs et les effets positifs induits par l'exigence cartésienne. Du côté *négatif*, il faudra compter la quasi absence cartésienne des développements non algébriques de l'analyse, du côté *positif*, on pourra lui reconnaître une prescience des réquisits qui, plus tard, s'avèreront nécessaires à la fondation plus rigoureuse de ladite analyse.

Un simple rappel de cette classification est sans doute utile pour la défense de mon argument.

La première cause de l'activité mathématique cartésienne est que Descartes y voit un moyen d'élaboration de la *méthode*, de validation de sa doctrine des idées et finalement de sa philosophie de la connaissance[2]. Les piliers de cette *première* géométrie sont les concepts cartésiens d'intuition et de déduction, la théorie des proportions, l'ensemble des segments gradués et le rôle *ordonnateur* de l'algèbre. Elle est exposée dans *La Géométrie de 1637* accompagnée des textes préparatoires et des textes de commentaire et de controverse qui s'y rapportent[3].

La seconde cause de son activité mathématique correspond à des situations où Descartes accompagne (et contribue à) certains développements

---

1   Voir, Jullien, « Les quatre mathématiques de Descartes », *Archives Internationales d'Histoire des Sciences*, 2009. Les arguments qui sont mentionnés dans la première partie du présent article, y sont développés et justifiés.

2   Parmi l'abondante littérature sur ce point, on pourra lire la *Géométrie de 1637* (Jullien 1996).

3   On devra y ajouter les passages mathématiques de la *Dioprique*.

spectaculaires et controversés de la géométrie contemporaine[4]. Une caractéristique de cette activité est la présence de procédures infinitésimales. Les deux cas les plus nets sont celui de la quadrature de la cycloïde et la résolution du problème de Debeaune (on pourrait y ajouter d'autres textes comme ceux où Descartes s'occupe des centres instantanés de rotation). On y voit Descartes accompagner certains développements spectaculaires de la géométrie contemporaine qui produit du savoir vrai et exact, mais, à ses yeux, sans garantie méthodologique. Les résultats qu'il obtient, quoiqu'exacts, ne relèvent pas de la science – *modèle et creuset de la méthode* – puisqu'ils s'appuient sur des spéculations impliquant des opérations infinies ou portant sur des quantités infinitésimales ou nécessitant des conclusions valables *à la limite* ; toute chose que nous ne saurions comprendre. En effet, de nombreuses prises de position cartésiennes[5] insistent sur l'impossibilité qu'il y a pour nous de comprendre l'infini, même si nous pouvons le concevoir. Les arguments généraux sont souvent repris visant spécifiquement les mathématiques.

La troisième raison de faire des mathématiques est la participation au programme de mathématisation des phénomènes, ou de la nature, programme engagé avec Descartes et autour de lui[6]. Les quatre principales situations de ce genre que l'on rencontre chez le philosophe sont ses études sur la chute des graves, celle qui concernent les machines simples, l'établissement des lois du chocs et la démonstration de la loi de la réfraction ou plus généralement l'optique[7]. De ces situations, on reconnait diverses caractéristiques : les mathématiques employées sont simples, voire très simples, les situations physiques sont idéalisées à des degrès divers (naturellement pour l'optique, complètement pour les machines simples et les lois du choc, partiellement pour la chute des graves) ; ensuite, les enjeux physiques sont considérables et les principes

---

4 Dans deux textes, j'ai proposé des analyses de ces activités, « les frontières dans les mathématiques cartésiennes » et « L'intuition est à la déduction comme la géométrie est à l'algèbre », (Jullien, 2006).

5 Par exemple : *Principes* I, art. 26 et 27 A.T.IX-2 ; *Principes* II, art. 34 et 35, A.T.IX-2 ; *troisième méditation*, A.T.IX-1, p. 36 ; à Morus, 5 février 1649 ; *Entretien avec Burman*, A.T.V, p. 154 et p. 167.

6 Avec André Charrak, j'ai examiné cette question dans *Ce que dit Descartes…* Jullien (2002).

7 Des éléments complémentaires d'analyse de ce genre d'activités cartésiennes sont proposés dans l'article de Jullien 2008.

énoncés ou inventés de grande portée (loi de la réfraction, décomposition du mouvement, principe d'inertie, principe de conservation du travail) ; tertio, la réussite du processus de *mathématisation* n'est pas toujours au rendez-vous : oui pour l'optique et les machines simples, non pour les lois du choc et discutable pour la chute des graves. Quoiqu'il en soit, on assiste à l'une des premières tentatives pour insérer une étape mathématique qui fonctionne comme un modèle (ou une hypothèse au sens que lui donnera Pierre Duhem) au sein du traitement d'une question de physique. Notons qu'il n'y a pas là, d'enjeu proprement mathématique.

La quatrième cause de son activité mathématique vient du projet par lequel Descartes se propose de produire une justification rationnelle au mécanisme en philosophie naturelle. Il considère une sorte de *géométrie spontanée des phénomènes*. Voici comment il en parle en répondant à Mersenne, à l'occasion d'une demande de Girad Desargues :

> Mʳ Desargues m'oblige du soin qu'il lui plaît avoir de moi, en ce qu'il témoigne être marri de ce que je ne veux plus étudier en géométrie. Mais je n'ai résolu de quitter que la géométrie abstraite, c'est-à-dire la recherche des questions qui ne servent qu'à exercer l'esprit ; et ce afin d'avoir d'autant plus de loisir de cultiver une autre sorte de géométrie, qui se propose pour questions l'explication des phénomènes de la nature. Car s'il lui plaît de considérer ce que j'ai écrit du sel, de la neige, de l'arc-en-ciel &c., il connaîtra bien que toute ma physique n'est autre chose que géométrie (Descartes, A.T. II, p. 268)[8].

En réalité, il réserve une surprise à qui veut suivre son conseil en examinant les « échantillons » mentionnés pour découvrir cette autre géométrie, adéquate aux phénomènes. L'étonnement du lecteur (Desargues par exemple) ne peut manquer d'être formidable puisqu'il ne peut manquer de remarquer qu'il n'y a pas de géométrie dans ces écrits ou alors, si géométrie il y a, il ne s'agit pas d'une « autre sorte de géométrie ». Pourtant, Descartes a bel et bien nommé *Géométrie* cette sorte de spéculation, dès lors qu'elle s'appuierait sur la forme, le mouvement et les chocs des corps élémentaires. Ceci revient à rappeler qu'à partir de la réduction essentielle des corps à l'étendue, la physique est en droit (en puissance) géométrique.

---

8   Le 27 juillet 1638, Descartes écrit à Mersenne. Ce passage est souvent cité – partiellement – (par exemple Alquié, 1969, p. 39) ou Belaval, 1960, p. 489) comme représentatif de la décision philosophique consistant à transformer ce que devait être une physique géométrique.

On le sait, les frontières entre ces quatre genres géométriques différents, en particulier entre la première et la seconde, ne résisteront pas
au développement de la science classique[9].

Le *juge de paix* qui tranche les conflits territoriaux entre *la géométrie bien
fondée, ou philosophique* et la *géométrie du deuxième type* n'est autre que l'usage
de l'infini ; or, cet *objet* ne tarde pas à jœur un grand rôle dans la continuité
qui va être établie entre ces deux régions. L'obstacle philosophique que
constitue l'interdit concernant l'usage des procédures infinitésimales,
est rapidement transgressé par les mathématiciens lecteurs de Descartes
(Rabuel, Wallis etc. puis Newton) et sera philosophiquement justifié par
Leibniz. Reste à voir si cette transgression était alors tout-à-fait légitime.

Ces points ayant été rappelés, je voudrais soutenir ici un point de
vue qui peut sembler paradoxal. La *Géométrie* de 1637 constitue l'un
des fondements les plus sûrs de l'analyse future, alors même qu'elle
s'oppose aux procédures de la géométrie infinitésimale du XVIIᵉ siècle,
procédures qui semblent pourtant constituer le cœur de la nouveauté
mathématique dans l'immédiat *après Descartes*[10]. *Dans la Géométrie* et
les textes connexes[11] Descartes combat l'idée que l'on puisse connaître
ces procédures en bonne méthode et refuse de les employer.

Une notion rode et se déploie dans les débuts de l'analyse et de la
géométrie infinitésimale ; elle apparaît incontournable et séminale, c'est
celle de limite. L'accord des esprits s'est fait très tôt autour de l'idée selon
laquelle *cette notion est bien au cœur des mathématiques nouvelles*. Descartes
aurait partagé cette vision selon Vuillemin qui mentionne en effet

> L'idée de limite, dont le philosophe sent, au moins confusément, qu'elle fonde
> le calcul infinitésimal, et qui implique celle d'approximation à l'infini, ne
> saurait être reçue par lui comme exacte ou distincte (Vuillemin, 1960, p. 95).

---

9   Ces passages d'une géométrie à une autre, incluant les méthodes infinitésimales sont
    décrits avec assez de détail dans mon article mentionné en n. 1.
10 Cette idée m'avait assez souvent visité et elle a mûri à l'occasion de la participation à
    une journée sur J. Vuillemin et son ouvrage *Mathématiques et métaphysique chez Descartes*,
    Paris, PUF, 1960. C'est pourquoi j'y ferai ici, de fréquentes mentions.
11 Nous désignons par là les lettres de défense et d'explication du troisième essai. La plupart
    sont donc de 1638, ceci inclut notamment les polémiques avec Fermat sur la méthode
    des tangentes et la méthode des normales.

de la continuité, telle que la produira Leibniz, qui va permettre l'usage généralisé et, faut-il le dire ? efficace, de la limite, à savoir un usage qui fait de la limite un aboutissement, un cas ultime d'une modification continue. Dans toute cette longue période de plus d'un siècle et demi, c'est la continuité qui va *générer la limite*.

J. Vuillemin remarque donc – sans s'y attarder – que Descartes (et il est bien seul ou presque) refuse cette conception de la continuité et celle de la limite comme fruit de celle-ci. Voici pourquoi une tangente n'est pas pour lui une « sécante limite », elle n'est pas davantage une sécante que deux n'est un. Là où le polynôme exprimant l'intersection du cercle à la droite admet deux racines, il y a une sécante et il n'y a pas de tangente ; là où il y en a une racine (double sans doute, mais unique), il y a une tangente et pas de sécante. Ni l'algèbre, ni la géométrie ne sauraient négocier sur ce point.

Je cite à nouveau le passage crucial de la *Géométrie* :

> Mais si P, au lieu de se trouver au point requis par l'équation de la normale, « est tant soit peu plus proche ou plus éloigné du point A qu'il ne doit » le cercle coupera la courbe en deux points (Descartes, AT VI, p. 417).

Le point P ne s'approche pas autant qu'on le veut du point A, il est « un tant soit peu différent du point A » et alors il n'y a pas – pas du tout – de tangente.

Ceci est clairement opposé aux idées et expressions de la famille des *aussi proche que*, ou *tend vers*. On comprend bien que ça n'a pas à voir avec la limite ou plutôt avec le *passage à la limite* tel que ses contemporains et successeurs vont l'employer. De façon assez spectaculaire cette manière cartésienne vise ou porte comme au-delà de ce qu'ils font et qu'ils vont faire, et semble pointer ce que feront les inventeurs de la notion moderne de limite. La limite implicite cartésienne n'est pas la limite au sens de cas extrême, elle n'est pas le résultat d'un rapprochement, d'une tendance ou d'un évanouissement. Elle n'est pas le cas ultime d'un ensemble de cas. Or c'est ce qu'on a cru qu'elle était.

Revenons donc au « vrai » concept de limite, tel qu'il sera en partie élaboré par Cauchy et formalisé par Weierstrass. Il ne contient aucunement la notion de « s'approche de », « tend vers », « passage à », ou autres « quantités évanouissantes ».

Il exige bien sûr, un concept de fonction élaboré, concept dont ne disposait pas Descartes.

Voici, schématiquement ce qu'il nous enseigne :

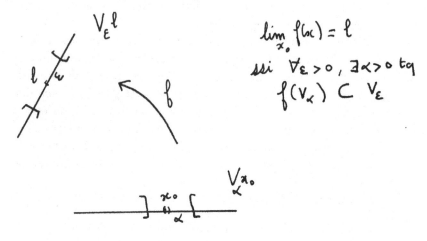

FIG. 1 – Le « vrai » concept de limite.

Quelles relations sont présentes ?

La distance (ou la mesure) et la relation d'ordre, c'est tout et c'est suffisant. On ne peut manquer de souligner que c'est cela précisément qu'exigeait Descartes pour produire de la connaissance certaine en géométrie. Autrement dit, ce sont en quelque sorte des réquisits cartésiens qui sont à l'œuvre dans la construction du concept moderne de limite. On peut alors soutenir que la limite de Cauchy-Weierstrass est « cartésienne », bien plus que leibnizienne ou newtonienne même s'il serait faux d'en conclure que le concept moderne de limite est présent chez Descartes.

Cette remarque suggère une critique d'un jugement porté par Vuillemin :

> C'est dire aussi que l'évidence cartésienne, c'est-à-dire, la précision et l'exactitude dans la mensuration jointes à la rigueur de l'ordre définissent trop étroitement la nature de la pensée mathématique (Vuillemin, 1960, p. 97).

Je ne crois pas que cela soit tout à fait juste. Il me semble que « la nature de la pensée mathématique *de l'idée de limite* » n'est pas « trop à l'étroit » dans « l'évidence cartésienne » puisqu'elle sera élaborée en respect de ces exigences. Peut-être – sûrement même – d'autres développements mathématiques sont « trop à l'étroit dans l'évidence cartésienne », mais pas celui-là.

La définition ultérieure du concept de limite est absolument conforme à ces exigences (exactitude liée à un strict usage de la distance et rigueur de l'ordre liée à l'encadrement soit au voisinage). Il faut donc exprimer soigneusement ce qui se passe.

La limite et la continuité telles qu'elles sont mises en œuvre par les contemporains et successeurs de Descartes, ne se conforment pas aux exigences que l'on vient de rappeler (elles s'appuient au contraire sur les notions d'adégalisation, d'évanouissement etc.) et l'exigence cartésienne, selon ce développement singulier et pourrait-on dire accidentel de l'analyse mathématique, le marginalise, le met assez nettement hors du courant principal d'invention de celle-ci. Mais on ne devrait pas manquer de remarquer que l'accident n'est pas où l'on croyait, que le parcours marginal n'est pas celui que l'on pensait. Le cours stabilisé et bien fondé de l'analyse infinitésimale se déploiera en total respect de « la précision et l'exactitude dans la mensuration jointes à la rigueur de l'ordre », soit en respect des exigences cartésiennes.

C'est comme si Descartes avait raison, par-delà la splendide et efficace parade que vont réaliser les mathématiciens Fermat, Leibniz, Newton, Euler, jusqu'à ce que Gauss ou Weierstrass mettent fin à cette parade. Évidemment, le fait d'avoir raison et de ne pas savoir comment résoudre le problème de la limite – dans le cadre des exigences mentionnées – a condamné Descartes à une certaine impuissance.

La mise au point finale de la définition de la limite et de continuité ne sera d'ailleurs pas si simple. On peut aller voir comment Cauchy, dans le *Cours d'Analyse de l'École Polytechnique*, présente son invention du concept moderne de limite.

> Lorsque les valeurs successivement attribuées à une même variable s'approchent indéfiniment d'une valeur fixe de manière à en différer aussi peu que l'on voudra, cette dernière est appelée la limite de toutes les autres (Cauchy 1974, p. 19).

> Exemple : un nombre irrationnel est la limite des fractions rationnelles... La surface d'un polygone est la limite vers laquelle convergent les surfaces des polygones ...

Serions-nous revenus à la notion de la limite comme valeur ultime d'une variation continue ?

Je ne crois pas, il n'y a là que des traces d'un vocable traditionnel. La limite est d'une autre nature (ou peut l'être) que ce dont elle est la limite : le nombre irrationnel n'appartient pas à la suite des nombres rationnels qui le détermine comme limite ; le cercle n'appartient pas à l'ensemble des polygones qui déterminent sa surface comme limite de leurs surfaces etc.

Au chapitre II (p. 37 *sq.*), Cauchy écrit : « Devenir infiniment petit » signifie « converger vers la limite zéro ». Ce n'est pas « être aussi petit qu'on le veut ». À la page 43, il donne la définition de la continuité d'une fonction. Elle est possible parce que l'on a, auparavant, la définition de la limite et elle est exprimée en termes de voisinage, d'intervalle centré en x.

On a l'idée selon laquelle « f est continue en x_0 ssi $\lim_{x0} f(x) = f(x_0)$ ». Cauchy met en valeur la démonstration de $\lim_0 (\sin x/x) = 1$, résultat qui est impossible à démontrer par des approximations.

Quoiqu'il en soit, avec Bolzano (peut-être dès 1817) et Weierstrass (1815-1897), la chose est achevée

Comme l'écrivent Dahan et Peiffer,

> Weierstrass va pousser plus loin encore l'effort de rigueur entrepris par Bolzano et Cauchy. S'interrogeant sur le sens à attacher à une expression comme « une variable s'approche indéfiniment d'une valeur fixe », qui suggère le temps et le mouvement, il essaie (et réussit) à la traduire en inégalités arithmétiques. Il aboutit à la définition en (ε, α)... Les définitions modernes de la limite et de la continuité en découlent immédiatement (Dahan & Peiffer, 1986, p. 205).

Weierstrass réalise ainsi un *programme* cartésien.

Vincent JULLIEN
Université de Nantes, CAPHI

BIBLIOGRAPHIE

Œuvres de Descartes, publiées par C. Adam et P. Tannery, 11 volumes, nouvelle présentation en coédition avec le CNRS, Paris, Vrin, 1964-1974 [A.T., suivi du tome en chiffres romains et la page en chiffres arabes.]

D'ALEMBERT, Jean le Rond, *Essay sur les éléments de Philosophie*, Paris, Éditions Corpus Fayard, [1758] 1986.

D'ALEMBERT, Jean le Rond, Articles de l'*Encyclopédie méthodique mathématique*, reed. Paris, A.C.L. Éditions, [1784] 1987.

ALQUIE, Ferdinand, *Descartes*, Paris, Éditions Hatier, 1969.

BELAVAL, Yvon, *Leibniz critique de Descartes*, Paris, Éditions Gallimard, 1960.

BRUNSCHVICG, Léon, *Les étapes de la philosophie mathématiques*, Paris, Éditions Blanchard, [1912] 1981.

CAUCHY, Augustin, *Œuvres Complètes*, reed. Paris, Éditions Gauthiers-Villars, série 2, tome 3, [1827] 1974.

CHARRAK, André, voir Jullien, 2002.

CHIRAKA, Sasaki, *Descartes mathematical Thought*, Dortrecht/Boston/London, Kluver Academic Publishers, 2003.

DAHAN, Amy et PEIFFER, Jeanne, *Une histoire des mathématiques, Routes et dédales*, Paris, Éditions Seuil, 1986.

FESTA, Tarcicio, « Les premiers traités de physiologie du muscle », *Géométrie, atomisme et vide dans l'école de Galilée*, Paris, ENS Éditions, 1999.

GALILEI, Galileo, *Discours et démonstrations mathématiques concernant deux sciences nouvelles*, Introduction traduction, notes et index par Maurice Clavelin [1970], Paris, Éditions PUF, [1638] 1995.

GILSON, Étienne, *Commentaire du* Discours de la méthode, Paris, Éditions Vrin, 1967.

GRANGER, Gilles Gaston, *Essai d'une philosophie du style*, Paris, Éditions O. Jacob, [1968] 1988.

HALLEUX, Robert, « Art. Boyle », *La science classique, Dictionnaire critique*, Michel Blay et Robert Halleux dir., Paris, Éditions Flammarion, 1998.

HOUZEL, Christian, « Descartes et les courbes transcendantes », *Descartes et le moyen-âge*, publié par Joël Biard et Roshdi Rashed, CHSPAM, Paris, Éditions Vrin, 1997, p. 31-35.

HUYGENS, Christian, « Remarques sur la vie de M. Descartes » d'Adrien Baillet, *Œuvres complètes*, publiées par la Société hollandaise des sciences, La Haye, M. Nijhoff, 1944, tome 10, [1693] 1944, p. 403.

JULLIEN, Vincent, *Philosophie naturelle et Géométrie à l'âge classique*, Paris, Éditions H. Champion, 2006.

JULLIEN, Vincent et CHARRAK, André, *Ce que dit Descartes concernant la chute des corps*, Éditions Septentrion, 2002.

JULLIEN, Vincent, *La Géométrie de 1637*, Paris, Éditions PUF, *Philosophie*, 1996.

JULLIEN, Vincent, « Abstraction faite, que reste-t-il ? », *Liber Amicorum pour Jean Dhombres*, Louvain-la-Neuve, Éditions Brepols, 2008, p. 229-259.

LAGRANGE, Joseph Louis, *Œuvres*, Paris, Éditions Serret, t. IX, 1881.

LAGRANGE, Joseph Louis, *Théorie des fonctions analytiques*, Paris, Imprimerie de la République, reed, Paris, Hachette, [1797] 2016.

LAVOISIER, *Mémoire sur les affinités du groupe oxygène*, cité dans l'article « Attraction/Affinité », *La science classique, Dictionnaire critique*, Michel Blay et Robert Halleux dir., Paris, Éditions Flammarion, [1783] 1998.

MAION, Jean-Luc, *Sur la théologie blanche de Descartes*, Paris, Éditions PUF, 1981.

MARONNE, Sébastien, *La théorie des courbes et des équations dans la géométrie cartésienne : 1637-1661*. Thèse de doctorat de l'université Paris 7, 2007.

MILHAUD, Gaston, *Descartes Savant*, Paris, Éditions Alcan, 1921.

VUILLEMIN, Jules, *Mathématiques et métaphysique chez Descartes*, Paris, Éditions PUF, 1960.

LA GÉOMÉTRIE DE DESCARTES
EST-ELLE UNE EXTENSION
DE CELLE D'EUCLIDE ?

INTRODUCTION

La *Géométrie* de Descartes ([4]), ainsi que toute sa production mathématique, manifeste peu d'attention pour les théorèmes, et se concentre surtout sur des problèmes. Cela a conduit de nombreux commentateurs à décrire la géométrie de Descartes comme étant surtout concernée par la résolution de problèmes. Henk Bos va jusqu'à en déduire que « l'objectif principal » de Descartes en géométrie « était de fournir une méthode générale pour la résolution de problèmes géométriques » ([2], p. 228).

La description est irréfutable. Mais en est-il de même pour la conséquence que Bos (et pas seulement lui) en a tirée ? Je résiste à en convenir. Je soutiens, au contraire, qu'il y a une lecture plausible de la *Géométrie* de Descartes selon laquelle son objectif principal consiste plutôt à exposer une théorie mathématique authentique, où l'importance cruciale des problèmes et de leur solution, et même leur centralité absolue, n'est pas le corrélat d'une attention primordiale accordée à la résolution de problèmes en soi ; en d'autres termes, cette importance ne signifie pas que la tâche ultime de la géométrie soit de fournir une solution (appropriée) à autant de problèmes que possible.

Selon une telle lecture, le « but principal » de Descartes était, plutôt, d'étendre la théorie géométrique exposée dans les *Éléments*, à savoir dans les six premiers livres (bien que le cinquième concerne, en fait, un outil, la théorie dite des proportions, qui, en dépit du fait d'être appliquée dans le livre six aux objets étudiés dans les quatre premiers, admet également une application plus générale), et que nous allons désigner, pour faire court, comme « géométrie plane d'Euclide[1] ». Ainsi, la théorie mathématique exposée dans la *Géométrie* correspond à ce qui résulte d'une telle extension. La promouvoir allait de pair avec la mise en place d'une réforme étendue de la géométrie, qui suggérait une refonte de celle-ci, aussi bien compatible avec, que profondément novatrice par rapport à, celle d'Euclide, et dont la signification allait bien au-delà que de rendre une grande classe de problèmes résolubles par des moyens licites.

Nous décrirons brièvement cette réforme. Les principaux arguments que nous avancerons ici sont mieux soutenus dans deux textes [11] et [10]. Nous y reviendrons ici d'une manière moins détaillée, mais plus incisive et claire espérons-le.

PROBLÈMES DANS LA GÉOMÉTRIE PLANE D'EUCLIDE
L'ontologie de la géométrie plane d'Euclide

Dans la géométrie plane d'Euclide, les problèmes jouent un rôle fondamental. En effet, leur solution aboutit à l'établissement d'une ontologie propre à cette géométrie. Dans la mesure où l'extension de la géométrie plane d'Euclide dépend de l'extension de son ontologie, qui eut souhaité étendre la géométrie plane d'Euclide, tout en restant compatible avec elle, aurait nécessairement dû rechercher de nouvelles façons de résoudre les problèmes, avec comme résultat l'introduction de nouveaux (nouvelles sortes d') objets géométriques. Voilà exactement à notre avis ce que fit Descartes.

Pour l'expliquer, nous commençons par l'affirmation suivante : la géométrie plane d'Euclide ne concerne pas un domaine fixe d'objets, systématiquement définis et dont l'existence est supposée ou prouvée une fois pour toutes ; il concerne plutôt certaines sortes d'objets transitoires susceptibles d'être construits de manière autorisée.

---

1   Même si plusieurs propos que nous tenons ici au sujet de la géométrie plane d'Euclide s'appliquent aussi à la géométrie solide. D'autres propos, néanmoins, se rapportent soit spécifiquement à la première, ou ne s'appliquent à la seconde que sous la condition d'ajustements appropriés que nous n'aurons pas suffisamment de place ici de détailler. Considérant aussi que, dans la *Géométrie*, Descartes ne considère que la géométrie plane, je préfère me borner à ne considérer que celle-ci.

Pour saisir la différence, « susceptible » est ici conçu au sens modal. Qu'un objet soit obtenu par une construction autorisée ne signifie pas qu'il soit là, ni qu'il soit tel ou tel. Cela revient plutôt à dire qu'il est susceptible de résulter de cette construction. Ce que nous voulons dire, donc, en disant qu'une sorte d'objets est disponible moyennant une construction autorisée, c'est que des objets de cette sorte (ou de ce type) peuvent résulter d'une telle construction. Par conséquent, la première partie de l'affirmation signifie que la géométrie plane d'Euclide concerne des objets qu'on peut obtenir au moyen d'une construction autorisée.

La deuxième partie porte sur l'adjectif « transitoire ». Cela signifie que, une fois construit, un des objets concernés par la géométrie plane d'Euclide n'est pas gardé en stock. Mieux, il n'est ni attribué à une totalité cumulative à laquelle il se référerait, ou considéré comme tel, ni n'est conservé en vue d'utilisations ultérieures. Notez bien, nous parlons ici d'un objet, et non pas d'une sorte d'objets. Ce que nous venons de dire concerne les objets particuliers d'un certain type (au sens de sorte), et non pas les sortes d'objets elles-mêmes. Ceci ne concerne, par exemple, ni les triangles ni les carrés en tant que tels, ni les triangles ou les carrés tels ou tels, mais plutôt des triangles ou des carrés individuels. Les constructions autorisées aboutissent à des objets particuliers d'une certaine sorte : un triangle particulier, ou un carré particulier, par exemple. Et ce qui est transitoire, ce sont précisément ces objets particuliers. Plus que cela : en général, une fois que certaines suppositions sont faites, relativement aux objets conçus comme donnés au début de la construction, ces objets particuliers sont déterminés en tant que tels. Ils ne sont des triangles ou des carrés ni arbitraires ni génériques, ni des triangles ou carrés arbitraires ou génériques tels et tels. Ce sont des triangles ou des carrés déterminés. Par exemple, ce qui est obtenu par la construction exposée dans la solution de la proposition I.1 des *Éléments* est justement ce triangle équilatéral déterminé ayant le segment donné comme l'un de ses côtés, et un des deux points d'intersection des deux cercles qui entrent dans cette construction comme le sommet opposé à ce côté.

Mais alors, pourquoi disons-nous que la géométrie plane d'Euclide concerne certains types d'objets transitoires ? Voici la troisième partie de notre affirmation. Quand bien même une construction autorisée ne peut qu'aboutir à des objets transitoires, ce qui est essentiel pour la géométrie plane d'Euclide est la généralité. Et la généralité ne peut pas dépendre de la construction d'objets transitoires particuliers. Elle repose plutôt sur la possibilité de construire des objets (transitoires) particuliers d'une certaine sorte et de le faire de manière autorisée. En d'autres termes, elle repose non pas sur le fait que certains objets particuliers de cette sorte sont (ou ont été) construits, mais sur la disponibilité permanente de cette sorte d'objets.

Cela signifie que fixer l'ontologie de la géométrie plane d'Euclide nécessite de répondre à la question suivante : Quelles sortes d'objets une construction autorisée rend-elle disponibles (c'est-à-dire, quelles sortes d'objets peuvent résulter d'une telle construction) ? La résolution des problèmes nous permet de répondre à cette question.

Ce n'est pas la seule question générale et pertinente dont la réponse est déterminante dans la pratique de la géométrie plane d'Euclide. Une autre est la suivante : Qu'est-ce que le fait d'être rendus disponibles par une construction autorisée ajoute à cette sorte d'objet ?

Ce qui nous permet de répondre à cette seconde question, c'est de prouver des théorèmes. Ceci est tout aussi important que de répondre à la première question, ou peut-être encore plus important, car c'est uniquement dans la mesure où nous répondons à cette deuxième question que la géométrie plane d'Euclide est capable de dire quelque chose au sujet des objets dont il parle. Cependant, on ne peut répondre à cette seconde question, et, d'ailleurs, on ne peut pas non plus la formuler de manière sensée à l'intérieur de la géométrie plane d'Euclide, si on ne répond pas à la première, ce qui rend cette première question plus fondamentale, dans un sens. Par exemple, c'est seulement dans la mesure où des triangles équilatéraux sont rendus disponibles par une construction autorisée qu'il est possible, dans la géométrie plane d'Euclide, de répondre, et de poser de manière sensée, à une question concernant leurs angles internes, et puis de répondre que ces angles sont tous égaux entre eux.

Pour notre propos, il est pertinent de se concentrer sur la première question et sur la façon dont on y répond. Cependant, il est également pertinent de remarquer que le fait de répondre tant à la première qu'à la deuxième question n'exige nullement qu'une construction autorisée aboutisse à des objets permanents, gardés en stock, après avoir été construits. Répondre à ces questions ne nécessite nullement que ces objets soient attribués à une totalité cumulative (ou considérée comme telle) à laquelle on pourrait par la suite se référer, et ceci justement puisque, pour la géométrie d'Euclide, la généralité ne tient pas au fait de porter sur une totalité fixe ou cumulative d'objets, mais plutôt à la disponibilité, c'est-à-dire à la possibilité de résulter d'une construction autorisée. Il n'est pas nécessaire que ces objets soient stockés pour des utilisations ultérieures, puisque, si une certaine sorte d'objets est rendue disponible au moyen d'une construction autorisée, un objet de cette sorte pourra toujours être construit d'une manière autorisée à chaque fois que cela est requis.

Il s'ensuit que, pour que la solution d'un problème puisse fournir une réponse à la question posée par un problème – et rendre ainsi possible qu'une question, à laquelle la preuve d'un théorème sera alors tenu de répondre, soit formulée de manière sensée –, il n'est pas nécessaire d'assurer quelque forme d'existence permanente à des objet ou sortes d'objets. Pour résoudre un problème il faut simplement montrer que des objets de la sorte appropriée peuvent être obtenus moyennant une construction autorisée. Cela se fait en construisant un objet particulier de cette sorte à l'aide d'une telle construction.

Ainsi une question se pose : comment est-il possible que la construction d'un seul objet d'une certaine sorte au moyen d'une construction autorisée puisse fournir une preuve que des objets de cette sorte peuvent toujours être obtenus moyennant une telle construction et, selon les termes adoptés ci-dessus, deviennent ainsi disponibles ?

Notez que cette question ne concerne pas tous les objets (ou un objet quelconque) de cette sorte. Ce qui est demandé ici n'est pas comment il est possible que la construction d'un seul objet d'une certaine sorte, moyennant une construction autorisée, puisse fournir une preuve que tous les objets (ou un quelconque) de cette sorte sont (est) susceptibles d'être construits moyennant une telle construction. Cette dernière question ne serait sensée que s'il était possible de donner un sens clair à la notion de totalité des objets de la sorte en question. Mais c'est ce qu'il est précisément impossible de faire dans la géométrie plane d'Euclide, parce que les conditions d'identité appropriées qui rendraient cela possible font défaut. Imaginez que vous enseignez la géométrie plane d'Euclide, et que vous considérez un triangle équilatéral, le représentez par un diagramme approprié sur un tableau noir, et prouvez que tous ses angles internes sont égaux. Imaginez qu'après vous effacez le tableau noir, vous allez dans une autre pièce, face à d'autres étudiants, pour refaire la même chose : considérer un triangle équilatéral, le représenter par un diagramme approprié sur un tableau noir, et prouver que tous ses angles internes sont égaux. Avez-vous eu à faire deux fois au même triangle équilatéral, ou avez-vous eu à faire à deux triangles distincts ? La question n'est guère sensée. Et pour pratiquer et enseigner la géométrie plane d'Euclide, il n'est certes pas nécessaire de savoir y répondre. Mais s'il n'y a pas de réponse, au moins en principe, c'est-à-dire s'il n'y a aucune condition conformément à laquelle la réponse est positive ou négative, alors il n'existe aucune totalité de triangles équilatéraux sur laquelle porte la géométrie plane d'Euclide. Et, en effet, il n'y en a pas.

Ceci étant dit, revenons à la bonne question : comment est-il possible que la construction d'un seul objet d'une certaine sorte moyennant une construction autorisée puisse fournir une preuve que des objets de cette sorte peuvent être toujours obtenus moyennant une telle construction et deviennent ainsi disponibles ? C'est une question qui concerne l'universalité des preuves dans la géométrie plane d'Euclide. Plus généralement, la question est la suivante : Comment est-il possible qu'un argument concernant un seul objet, ou une seule configuration d'objets, puisse avoir une portée universelle ? La question est difficile et beaucoup de réponses ont été proposées (même si elle a rarement été formulée de la manière appropriée, à notre avis). Ce n'est pas l'endroit pour avancer une nouvelle réponse, ou pour plaider en faveur de l'une ou l'autre des réponses qui ont déjà été proposées. Par contre, ce qui est pertinent ici est de constater que l'universalité de la géométrie plane d'Euclide dépend de la possibilité d'y répondre d'une manière ou d'une autre. Ici, nous avançons simplement qu'une réponse appropriée est possible, ce qui est la même chose que d'admettre que la géométrie plane d'Euclide est dotée d'une forme d'universalité qui lui est propre, quand bien même elle concerne certaines sortes d'objets transitoires, comme nous l'avons dit.

Le point sur lequel nous voulons plutôt nous concentrer est autre. Il concerne la notion de construction autorisée, et le rôle que l'identification des constructions autorisées joue à l'intérieur de la géométrie plane d'Euclide. Sur cette question, notre argument est le suivant : déterminer (de manière appropriée) quelles sont ces constructions répond à un double objectif au sein de cette géométrie. D'un côté, cela assure que toute construction est répétable, de sorte que la construction d'un seul objet particulier, moyennant une telle construction, peut être considérée comme une preuve que la même chose peut être faite dans d'autres occasions, ce qui contribue certainement (quoique d'une manière qu'il n'est pas de pas notre intention d'examiner ici) à rendre la géométrie plane d'Euclide universelle, au sens où nous l'avons dit. D'un autre côté, cela contribue aussi à faire de la géométrie plane d'Euclide une théorie fermée : c'est-à-dire, un système déductif aux limites bien précises. En particulier, cela confère des limites certaines et précises à son ontologie, bien qu'elle ne soit pas faite d'une totalité donnée d'objets : la géométrie plane d'Euclide concerne une certaine sorte d'objets si et seulement si des objets de cette sorte sont susceptibles d'être construits moyennant une construction qui est autorisée au sein de celle-ci. S'ils le sont, on peut alors dire, en bref, que ces objets sont disponibles pour cette géométrie, ou encore, qu'ils sont inclus parmi ses objets.

LA QUESTION DE L'EXACTITUDE GÉOMÉTRIQUE

Il ne devrait pas y avoir besoin de dire que les constructions autorisées dans la géométrie plane d'Euclide sont celles réalisées à la règle et au compas. Mais ce qu'il faut souligner, c'est qu'Euclide ne décrit jamais ces constructions de cette façon. Cette description se rapporte plutôt à la façon dont Descartes y a pensé, dans le cadre de sa réforme. Pour éviter tout risque de circularité explicative, appelons-les pour le moment « constructions élémentaires ». Elles sont fixées par un certain nombre de clauses, dont certaines sont explicites, à savoir celles énoncées par les postulats I.1-3, tandis que d'autres sont soit tacites, soit seulement implicitement avancées : une construction est autorisée si et seulement si chacune de ses étapes élémentaires est en accord avec l'une de ces clauses.

Il s'ensuit qu'étendre la géométrie plane d'Euclide par l'extension de son ontologie, tout en restant compatible avec elle, nécessite qu'on autorise d'autres constructions en plus des constructions élémentaires, ce qu'on obtient en rendant disponibles d'autres sortes d'objets, en plus de ceux déjà disponibles dans la géométrie plane d'Euclide. Cela peut se faire de différentes façons : soit en assouplissant les clauses d'Euclide d'une certaine manière, soit en abandonnant l'implication exprimée par le « seulement si » de la condition précédente (qu'Euclide n'explicite jamais, sous aucune forme, bien qu'il s'y astreigne implicitement dans les *Éléments*) et en permettant localement certaines étapes constructives qui ne s'accordent pas avec ces clauses ; soit en maintenant cette implication, mais en y ajoutant de nouvelles clauses ; soit, enfin, en remplaçant les clauses d'Euclide par un précepte plus général, en en faisant des cas particuliers.

Les trois premières stratégies ont toutes été suivies avant Descartes, qui a opté plutôt pour la quatrième, comme nous le verrons. La question à laquelle Bos fait référence comme étant celle de l'exactitude géométrique dans les débuts de la géométrie moderne était justement celle de fixer la stratégie appropriée à suivre pour rendre disponibles de nouveaux objets géométriques, en plus de ceux déjà disponibles dans la géométrie plane d'Euclide, de manière à être autorisé à utiliser ces objets, que ce soit pour faire appel à eux dans d'autres constructions non élémentaires ou pour la solution de problèmes insolubles au sein de la géométrie plane d'Euclide, ou bien pour les étudier en soi. Essayons de mieux saisir la nature de la question.

Introduisons d'abord une distinction importante. La géométrie plane d'Euclide aurait pu être étendue, et a en effet été étendue, soit localement, soit globalement. Une extension locale correspond à celle qui permet de rendre disponibles de nouvelles sortes particulières d'objets, dans le but de faire appel à eux dans la résolution de certains types particuliers de problèmes qui sont (ou, du moins, semblaient être) insolubles au sein de la géométrie plane d'Euclide. Une extension globale a pour résultat une nouvelle théorie organique, plus large que la géométrie plane d'Euclide, mais tout aussi fermée, étant comme elle un système déductif avec des limites nettes. En disant que Descartes a préconisé une réforme de grande ampleur de la géométrie, et a envisagé sa refondation, nous disons qu'il a poursuivi une telle extension globale de la géométrie plane d'Euclide.

Ce que nous disons à propos des extensions locales pourrait sembler un casse-tête aux yeux de certains lecteurs : si résoudre un problème équivaut à montrer que certaines sortes d'objets sont disponibles au sein de la géométrie plane d'Euclide, comme nous l'avons dit ci-dessus, comment doit-on comprendre le fait que l'on puisse avoir l'intention de faire appel à de nouvelles sortes d'objets, nouvellement rendus disponibles pour parvenir à une extension locale de cette géométrie, pour résoudre des problèmes autrement insolubles (ou en apparence tels) en son sein ? N'y a pas-t-il une sorte de circularité ici ? Pour voir pourquoi ce n'est pas le cas, nous avons besoin d'aller un peu plus loin dans l'inspection de la nature et du rôle des problèmes dans la géométrie plane d'Euclide. Telle est la tâche de la sous-section suivante.

E-OBJETS INCONDITIONNELS ET CONDITIONNELS

Le point crucial concerne la distinction entre deux façons très différentes de spécifier une certaine sorte d'objets, en utilisant le langage de la géométrie plane d'Euclide, ou une extension appropriée de celui-ci.

La première façon fournit une spécification intrinsèque des objets pertinents considérés *en soi.* Il résulte généralement d'une définition explicitement signalée, ou d'une spécification de celle-ci. Dire qu'un objet est, en ce sens, un objet d'une certaine sorte revient à dire qu'il est un point, un segment, un angle – peut-être un angle obtus, aigu ou droit, ou un angle rectiligne ou entre un segment et un cercle ou deux cercles –, un cercle ou un polygone d'un certain genre ou espèce, comme un triangle, un triangle équilatéral, un parallélogramme, un carré, un gnomon, un pentagone, etc. (comme c'est bien connu, aucune autre sorte d'objets, dans ce sens du terme « sorte », ne sont, en effet, disponibles dans la géométrie plane d'Euclide).

La deuxième façon fournit par contre une spécification extrinsèque d'objets d'une sorte déjà spécifiée de la première manière, relativement à d'autres objets d'une sorte déjà spécifiée (d'une manière ou d'une autre). Cela dépend de la spécification de certaines relations que les premiers objets sont tenus de conserver avec les seconds. Dire qu'un objet est, en ce sens, un objet d'une certaine sorte revient à dire, par exemple, qu'il est un point qui coupe un segment donné en extrême et moyenne raison, ou un carré égal à un triangle donné ou à un cercle donné, etc.

Pour abréger, nous appelons, par abus de langage, un objet « inconditionnel » si son type est spécifié de la première manière, et « conditionnel » si type est spécifié de la seconde manière. Selon ce langage abusif, un triangle, ou encore un triangle équilatéral ou rectangle, sont des objets inconditionnels, alors qu'un triangle rectangle ayant un angle égal à un certain angle aigu donné est un objet conditionnel, par exemple. Il s'ensuit que, pour un certain objet, être inconditionnel ou conditionnel n'est pas d'être, en soi, tel ou tel, mais d'être identifié ainsi ou ainsi. En d'autres termes, la distinction concerne notre description des objets en question, et non pas leur mode d'être (et c'est bien cela qui rend notre langage abusif).

Présentons, maintenant, une nouvelle convention terminologique : appelons « E-objets inconditionnels » (pour « objets inconditionnels d'Euclide ») les points, les segments, les cercles, les angles – qu'ils soient rectilignes ou curvilignes – et les polygones de tout genre et espèce, et « E-objets conditionnels » les objets qui sont spécifiés, relativement à d'autres objets à l'aide du langage de la géométrie plane d'Euclide. En bref, un E-objet est alors un objet auquel la géométrie plane d'Euclide peut avoir affaire.

Tout E-objet inconditionnel peut être défini à l'aide du langage de cette géométrie, mais certains types d'objets inconditionnels qui peuvent être ainsi définis ne sont pas des E-objets. Par exemple, il en est ainsi pour les coniques non dégénérées : ellipses, paraboles et hyperboles, car celles-ci sont des lieux géométriques définissables à l'aide de ce langage, qui ne sont pas constructibles moyennant des constructions élémentaires. Ce qui est plus important, cependant, est que tout type d'E-objets inconditionnels n'est pas disponible au sein de la géométrie plane d'Euclide. Par exemple, les heptagones ne le sont pas. De plus, montrer que des E-objets inconditionnels sont disponibles au sein de la géométrie plane d'Euclide peut être loin d'être simple. Par exemple, prouver cela pour les heptadécagones est assez complexe, et n'a été prouvé que par Gauss ([5] et [6], Sect. VII). Un premier objectif que la solution d'un problème dans la géométrie plane d'Euclide peut viser est donc de prouver que des E-objets inconditionnels d'un certain type sont disponibles à l'intérieur du système. La solution de la proposition I.1 montre ceci pour des triangles équilatéraux, par exemple.

Pour les E-objets conditionnels, la dyscrasie est encore plus évidente. Que tout E-objet conditionnel peut être défini dans la langue de la géométrie d'Euclide tient à la manière même dont nous venons de caractériser ces objets. Mais de nombreuses sortes d'E-objets conditionnels ne sont pas disponibles au sein de celle-ci. Par exemple, les paires de segments fournissant une double moyenne proportionnelle entre deux segments donnés, les angles qui trisectent un angle rectiligne donné, ou les carrés égaux à un cercle donné, ne le sont pas. Un autre objectif que la solution d'un problème dans la géométrie plane d'Euclide peut viser est de prouver que des E-objets conditionnels d'un certain type sont disponibles au sein de la géométrie plane d'Euclide, ce qui signifie que des objets de ce type peuvent être construits moyennant une construction élémentaire à partir des objets relativement auxquels ils sont spécifiés. La solution de la proposition I.2 montre cela, pour exemple, pour des segments égaux à des segments donnés, et ayant l'une de leurs extrémités en un point donné.

Il ne devrait maintenant pas être difficile de voir pourquoi ce qui précède ne génère aucune sorte de circularité. L'essentiel, c'est qu'on pourrait faire appel à une certaine sorte d'objets inconditionnels (E-objets ou non), nouvellement rendus disponibles grâce à une extension de la géométrie plane d'Euclide, pour résoudre des problèmes autrement insolubles (ou en apparence tels) dans cette géométrie, ayant pour effet de rendre disponibles des objets conditionnels d'une certaine sorte (typiquement des E-objets), qui ne sont pas disponibles en son sein. Par exemple, Ménechme a montré comment faire appel à des coniques appropriées afin de construire une paire de segments fournissant une double moyenne proportionnelle entre deux segments donnés ([1], vol. III, p. 92-9 7 ; [2], p. 38-40), ce qui suggère une extension locale de cette géométrie en autorisant la construction de coniques.

L'EXTENSION DE LA GÉOMÉTRIE PLANE EUCLIDIENNE AVANT DESCARTES

Bien qu'assez général, ce qui précède devrait suffire, compte tenu de l'objectif très limité de notre propos, à indiquer les aspects de la géométrie plane d'Euclide qui sont pertinents, à notre avis, pour comprendre la nature de la réforme de Descartes. Abordons alors une autre question, utile pour comprendre la nature de cette réforme, à savoir l'état de la question de l'exactitude géométrique avant Descartes.

La géométrie plane d'Euclide est loin d'épuiser la géométrie pré-cartésienne, ou même la géométrie grecque. Pourtant, à la seule exception partielle de la théorie des coniques d'Apollonius, aucune autre partie de la géométrie pré-cartésienne ne ressemble à la sienne, à savoir à une théorie organique fermée. Avant Descartes, et avec cette seule exception partielle, avancer au-delà de la géométrie plane d'Euclide revenait à pénétrer dans une zone beaucoup plus glissante.

Avancer dans ce domaine nécessitait la manipulation de constructions non-élémentaires : d'un côté, il y avait des constructions d'E-objets non disponibles dans la géométrie d'Euclide, et en particulier des objets conditionnels, comme des segments fournissant une double moyenne proportionnelle entre deux segments donnés, des angles trisectant des angles donnés, ou des carrés égaux à des cercles donnés ; et de l'autre côté se trouvaient des constructions géométriques d'objets autres que des E-objets, généralement des courbes autres que des cercles.

La plupart de ces courbes étaient définies en décrivant leurs constructions possibles. Admettre ces constructions revenait donc, *ipso facto*, à fournir la justification de leur disponibilité. Par conséquent, la question pertinente les concernant était moins celle de la recherche de leurs constructions appropriées, que celle d'argumenter en faveur ou contre leur recevabilité en tant que résultats des constructions en question. Une façon naturelle d'argumenter en leur faveur était de souligner que d'admettre ces constructions (et considérer donc les courbes correspondantes comme disponibles) permettait de construire (de façon appropriée) certains E-objets non disponibles dans la géométrie d'Euclide. Ceci fit que la question de l'admissibilité des constructions non-élémentaires d'objets géométriques autres que les E-objets devint, en fait, un aspect particulier de la question de la recevabilité des constructions non-élémentaires dans cette géométrie. Avant Descartes, la question de l'exactitude géométrique a essentiellement coïncidé avec celle de la recevabilité de ces constructions.

Demander la construction d'un E-objet non disponible dans la géométrie d'Euclide revenait à énoncer un problème, que nous proposons d'appeler « problème quasi-euclidien ». Par sa nature, un tel problème demandait une solution en dehors de la géométrie plane d'Euclide, c'est-à-dire une solution dépendant d'une construction non-élémentaire. Considérer les différentes façons de résoudre les problèmes quasi-euclidiens suggérées avant Descartes aide considérablement à comprendre la réforme opérée pas ce dernier.

Nous n'avons pas de place ici pour analyser des exemples. Limitons-nous à dire que la trisection d'angles, la construction d'une double moyenne proportionnelle, et la quadrature du cercle sont parmi les problèmes quasi-euclidiens les plus importants et habituels que les mathématiciens ont traités avant Descartes. Ils ont proposé beaucoup de solutions à ces problèmes (et à d'autres semblables), différant les unes des autres, non seulement dans leurs détails, mais aussi, et dans l'ensemble, dans la stratégie générale qu'elles suivent et la nature même des constructions non-élémentaires impliquées. Nous suggérons de distinguer six familles différentes de constructions non-élémentaires que l'on peut retrouver dans ces solutions.

Tout d'abord, il y a deux familles de « constructions quasi-élémentaires » : les constructions reposant uniquement sur des E-objets, bien que les clauses constructives applicables ne soient pas inclues parmi celles des constructions élémentaires.

La première famille inclut des constructions qui utilisent des instruments mécaniques pour construire des points à la condition que certains éléments de ces instruments coïncident avec certains objets géométriques donnés (ou leur correspondant dans les diagrammes). Ce sont des constructions utilisant ces instruments par pointage. Un exemple est fourni par la solution d'Ératosthène au problème de la construction d'une double moyenne proportionnelle exposée par Pappus ([12], vol. I, p. 56-59. [8], p. 21 ; [9], p. 64-65). Cette solution résulte de la considération de trois plaques rectangulaires coulissant l'une contre l'autre jusqu'à atteindre une position dans laquelle un point sur l'une d'elles tombe sur la ligne droite passant par le sommet d'une autre et le point d'intersection d'un côté de celle-ci et la diagonale de la troisième.

La deuxième famille comprend des constructions faisant appel à certaines stipulations explicites ou admissions tacites fonctionnant comme de nouvelles clauses constructives, comme le postulat de la *neusis* de Viète ([14], prop IX ; [15], p 398 ; [2], p. 167-173.).

Ensuite il y a quatre familles de « constructions strictement non-élémentaires » : ces constructions reposent sur des objets autres que des E-objets, à savoir certaines courbes autres que les cercles. Leur différence tient à la manière dont ces courbes sont construites.

La première famille inclut les constructions impliquant des coniques qui sont supposées *ipso facto* données du fait d'être déterminées de manière univoque. La solution de Ménechme au problème de la construction d'une double moyenne proportionnelle mentionnée ci-dessus nous en fournit un exemple. Un autre nous est donné par une solution du problème de la trisection d'un angle offerte par Pappus ([12], vol. I, p. 271-277. [9], p. 213-216. [2], p. 53-56), dans laquelle une *neusis* n'est pas admise en vertu d'un postulat (tel que Viète le suggérera par la suite), mais plutôt construite par l'intersection d'un cercle et d'une hyperbole.

La deuxième famille comprend des constructions utilisant des courbes tracées par des instruments mécaniques utilisés, cette fois, pour tracer ces courbes, c'est-à-dire, par traçage. Un exemple est fourni par la solution du problème de la construction d'une double moyenne proportionnelle qui déploie une conchoïde tracée à l'aide d'un instrument approprié, tel que suggéré par Nicomède et exposé par Eutocius ([1], vol. III, p. 114-127. [2], p. 31-33), ou par toute construction concernant des coniques conçues comme étant tracées à l'aide d'un « compas parfait » ([16]).

La troisième famille comprend des constructions se servant de lieux géométriques conçus comme étant construits à condition qu'un de leur point générique le soit, à partir de la supposition que leur point générateur soit donné. Un exemple est fourni par la solution du problème de la construction d'une double moyenne proportionnelle, donnée par Villalpando ([13], vol. III, p. 289-290. [2], p. 75-78).

Enfin, la quatrième famille comprend les constructions utilisant des courbes obtenues par interpolation à partir d'une pluralité dénombrable de points constructibles à l'aide d'une procédure (autorisée) indéfiniment répétable. Un exemple en est fourni par la solution du problème de la quadrature du cercle au moyen d'une quadratrice construite par interpolation, telle que Clavius l'a proposée ([3], vol I, p. 895-896 ; [2], p. 160-166.).

LA RÉFORME DE DESCARTES

Un moyen rapide de décrire la réforme de Descartes consiste à considérer son attitude à l'égard des constructions non-élémentaires.

La première chose à dire est que cette attitude ne tint pas simplement au fait d'accepter certaines d'entre elles, tout en en rejetant d'autres, en se réclamant de bonnes raisons. Il s'agissait plutôt d'en intégrer certaines au sein d'une nouvelle théorie qui étende la géométrie plane d'Euclide et qui soit aussi fermée et organique qu'elle. En d'autres termes, l'objectif n'était pas, pour lui, d'étendre localement la géométrie plane d'Euclide en admettant quelques constructions non-élémentaires parmi d'autres, mais de promouvoir une extension globale de cette géométrie sur la base d'un principe général pouvant autoriser un type unique de constructions, incluant les constructions élémentaires, mais en allant largement au-delà, de manière à permettre de résoudre la plupart des problèmes quasi-euclidiens.

Nous proposons d'appeler ce type de constructions unique « constructions à la règle, compas, et réitération ». La raison en est qu'elles obéissent à l'idée suivante : on commence par admettre que tout ce qui est constructible moyennant une construction élémentaire est également constructible de cette nouvelle manière ; ceci permet de faire appel à une construction élémentaire pour construire des configurations appropriées d'E-objets disponibles dans la géométrie plane d'Euclide, qui sont conçues comme des configurations mobiles telles que leur mouvement fait qu'un de leurs points décrit une courbe ; toute courbe ainsi décrite est, alors, également considérée comme constructible de cette manière ; faisant appel à ces courbes et agissant sur elles selon les clauses d'une construction élémentaire (dans laquelle ces courbes sont prises comme données), on peut alors construire de nouvelles configurations d'objets (incluant ces même courbes), conçues aussi comme des configurations mobiles telles que leur mouvement fait qu'un de leurs points décrit, à son tour une nouvelle courbe, qui est, alors, elle aussi considérée comme constructible de cette manière. On peut alors continuer ainsi indéfiniment, en construisant ainsi de nouvelles sortes de courbes et de nouvelles sortes de configurations d'objets (incluant ces nouvelles courbes), toutes conçues comme des configurations mobiles ayant un point traçant d'autres courbes, ainsi construites de manière autorisée.

Les configurations mobiles entrant dans de telles constructions sont bien sûr censées jouer le rôle que Descartes attribue à ses compas. Nous soutenons que ces compas doivent être considérés comme des objets géométriques *bona fide*, même s'ils sont mobiles, et disponibles au sein de la géométrie étendue de la même façon que des E-objets constructibles par une construction élémentaire sont disponibles au sein de la géométrie plane d'Euclide, c'est-à-dire dans la mesure où ils peuvent être construits moyennant une construction autorisée. Pourtant, pour qu'elle puisse intervenir dans une construction à la règle, compas, et réitération, une configuration mobile ne doit pas seulement être constructible, à son tour, selon la procédure décrite, mais elle doit également être si déterminée par cette construction qu'il suffit d'en choisir un point et d'identifier ses parties mobiles et fixes (par rapport à la surface sur laquelle la courbe est censée être décrite), pour déterminer entièrement la courbe unique tracée par son mouvement.

Bien sûr, l'on peut supposer qu'une telle configuration soit déplacée par un moteur extérieur, par exemple par une main humaine, mais la manière dont ce moteur agit sur elle, et en particulier la vitesse qu'il lui transmet, ne doit avoir aucune influence sur la trajectoire de ses pièces mobiles et, donc, sur la courbe décrite par son mouvement. Quel que soit le moteur et la manière par laquelle il agit sur la configuration, la courbe tracée par celle-ci doit être la même. En outre, la transmission du mouvement depuis le point où le moteur agit, jusqu'aux autres points mobiles de la configuration – et, en général, depuis n'importe quel point mobile vers tout autre doit, d'une part, dépendre uniquement de la clause suivante : que les conditions fixées lors de la construction de la configuration soient conservées par le mouvement, et, d'autre part, être, en particulier, indépendante de toute force interne ou toute contrainte mécanique. Pour le dire brièvement, une configuration mobile entrant dans une construction par règle, compas, et réitération doit être un instrument purement cinématique (ayant un seul degré de liberté), et non pas dynamique. Pensez à un cercle qui roule sur une ligne droite sans glisser sur elle. Un de ses points fixes décrit une courbe, à savoir une cycloïde, qui est entièrement déterminée par le cercle lui-même et le simple fait qu'il roule sur une ligne droite sans glisser sur elle.

Pourtant, ceci n'est pas une configuration mobile appropriée pour entrer dans une construction par règle, compas, et réitération, et une cycloïde n'est pas une courbes constructible par une telle procédure, car un cercle qui roule sur une ligne droite sans glisser sur elle est un instrument dynamique, et pas purement cinématique : pour que la roue se déplace de cette façon, sa rotation doit être accompagnée d'un mouvement rectiligne de son centre, qui, s'il ne lui est pas imparti indépendamment, est induit par le frottement sur la ligne droite. Un argument similaire vaut également pour les instruments de traçage qui utilisent des cordes et des poulies, si leur fonctionnement dépend du fait que leurs cordes et poulies transmettent le mouvement en exerçant une force, comme c'est le cas de l'instrument de Huygens pour tracer des spirales : [7], vol. 11, p. 216 [2], p. 347-349).

Imposer ces conditions sur les configurations mobiles dans le cadre d'une construction par règle, compas, et réitération est tout à fait naturel, si l'on veut qu'une telle configuration soit considérée comme un outil véritablement géométrique. Ces conditions sont, par ailleurs, justement celles qui sont satisfaites par une règle de traçage (une ligne droite fixe avec un point traçant se déplaçant dessus) et par un compas normal (un segment en rotation autour d'une de ses extrémités, dont l'autre extrémité est un point traçant). Ceci fait de ces configurations mobiles des extensions naturelles des appareils de traçage utilisés dans les constructions élémentaires, conçues comme constructions à la règle et au compas. De notre point de vue, ceci explique parfaitement pourquoi Descartes appelle « géométriques » les courbes tracées par elles et « mécaniques » celles qui ne peuvent pas être ainsi tracées (comme la cycloïde), et insiste sur le fait que les premières doivent être admises en géométrie, et les secondes exclues. Bien que Descartes ne le fasse pas, il est donc naturel aussi d'appeler, par extension, « système articulé géométrique » une configuration mobile entrant dans une construction à la règle, compas, et réitération.

Tout comme les E-objets, des systèmes articulés géométriques peuvent être soit inconditionnel soit conditionnel. Ceux qui sont inconditionnels sont disponibles s'il est possible de construire un autre système articulé géométrique les traçant. Ceux qui sont conditionnels sont disponibles s'il est possible de construire un tel autre système les traçant à partir des objets par rapport auxquels ils sont spécifiés, qui doivent, à leur tour, être disponibles, bien entendu. Ces systèmes sont nécessaires pour la construction des courbes conditionnelles disponibles dans des positions appropriées, ce qui est nécessaire et pour résoudre les problèmes quasi-euclidiens, et pour construire d'autres courbes conditionnelles par règle, compas, et réitération.

Beaucoup d'autres détails et de spécifications pourraient être fournis (et devraient l'être, dans un exposé plus complet), et de nombreux exemples proposés. Mais le peu que nous en avons dit devrait suffire à comprendre comment la géométrie plane d'Euclide se prolonge par l'admission de constructions à la règle, compas, et réitération. Cela étant fait, le seul autre point que nous souhaitons établir concerne l'attitude de Descartes par rapport aux six familles de constructions non-élémentaires mentionnées ci-dessus. Cette attitude accompagne naturellement le choix d'étendre globalement la géométrie plane d'Euclide en admettant, en plus des constructions élémentaires, aussi et uniquement les constructions à la règle, compas et réitération

Il semble tout à fait clair, d'une part, que Descartes a rejeté, dès le début, les constructions quasi-élémentaires. Il est possible qu'il ait rejeté celles qui sont fondées sur des stipulations spécifiques, comme le postulat de la *neusis* de Viète, car il estimait ces stipulations *ad hoc*, et celles utilisant des instruments par pointage, parce que cette manière d'utiliser les instruments est non seulement essentiellement différente de la façon dont les règles et les compas peuvent entrer dans des constructions élémentaires, mais aussi parce qu'elles induisent une utilisation de diagrammes qui est aussi essentiellement différente de leur usage dans la géométrie plane d'Euclide. Ce dernier point mérite une explication. La différence se rapporte à ceci : l'utilisation d'instruments par pointage permet de réaliser des constructions appropriées seulement si ces instruments sont conçus comme des objets physiques qui, par le biais d'une inspection appropriée (visuelle), sont reconnus comme prenant les positions nécessaires par rapport aux digrammes concernés ; les règles et compas peuvent, par contre, entrer dans une construction élémentaire seulement dans la mesure où ils sont utilisés comme outils pour tracer des segments et des cercles (ou les diagrammes qui les représentent) et cercles dans des positions qu'ils sont censés adopter (sans aucune nécessité de vérifier ce qu'ils font, par quelque sorte d'inspection, ni visuelle ni autre). Voilà qui, par ailleurs, se passe aussi, *mutatis mutandis*, pour les systèmes articulés géométriques dans les constructions à la règle, compas, et réitération.

En ce qui concerne les constructions strictement non-élémentaires des trois premières familles, l'attitude de Descartes semble avoir été la même, *mutatis mutandis*. Comme les coniques univoquement déterminées peuvent toujours être tracées par un système articulé géométrique approprié, il a immédiatement admis des constructions employant des telles coniques. Il a ainsi admis celles employant des courbes tracées par les instruments utilisés par traçage, lorsque ces instruments pouvaient être reconçus comme (ou remplacés par) des systèmes articulés géométriques et seulement dans ce cas. Il a enfin admis des constructions employant des lieux géométriques si un point générique de ces lieux l'a été, et s'ils pouvaient être tracés par de tels systèmes (dont la construction est souvent directement suggérée par la construction même de ce point générique), et, à nouveau, seulement dans ce cas.

Enfin, dans la mesure où, en général, l'identification d'une procédure indéfiniment extensible (et autorisée) apte à construire une infinité dénombrable de points ne fournit aucune suggestion pour la construction d'un système articulé géométrique traçant une courbe interpolant ces points, Descartes a rejeté les constructions strictement non-élémentaires employant des courbes obtenues par interpolation, à moins qu'il n'ait été démontré de façon indépendante comment construire ces courbes moyennant une construction par règle, compas, et réitération.

Pour compléter le présent compte-rendu de la réforme de Descartes, on devrait bien sûr, outre qu'ajouter un grand nombre de détails, aussi rendre compte de son association entre courbes géométriques et équations polynomiales, et expliquer son précepte imposant de choisir, parmi différentes solutions du même problème (toutes requérant une construction à la règle, compas et réitération) la plus simple, en accord avec un critère de simplicité algébrique rapporté à ces équations. Cela n'est pas quelque chose que nous puissions faire ici, cependant. Notre but était seulement de montrer que la géométrie de Descartes découle directement de l'extension de la géométrie d'Euclide. L'importance de son association entre courbes géométriques et équations polynomiales peut bien difficilement être surestimée, même si on la regarde du point de vue que nous avons adopté ici, car cette association a indiqué le chemin que les mathématiciens ont suivi les deux siècles suivants, et qui a finalement conduit à des théories mathématiques essentiellement différentes de la géométrie plane d'Euclide, fondées sur une ontologie structurellement différente de celle de cette géométrie.

À notre avis, le fait demeure néanmoins, que l'introduction des équations polynomiales comme expression des courbes géométriques fut une étape postérieure au façonnage de la géométrie de Descartes que nous avons tenté de décrire, une étape qui a été rendue possible, entre autres choses, par la manière dont cette géométrie a découlé d'une extension de celle d'Euclide.

Marco PANZA[2]
DR1 au CNRS (IHPST,
CNRS et Univ. de Paris 1,
Panthéon-Sorbonne)
Présidentiel Fellow at Chapman
University, Orange, CA

---

2   Ce texte est tiré d'une conférence donnée à Campinas (Brésil), aux CLE (*Centro de Logica, Epistemologia e Historia de Ciência*), en anglais. Christopher Lord est l'auteur de la traduction française, revue par Olivia Chevalier.

BIBLIOGRAPHIE

ARCHIMÈDE, *Archimedis Opera Omnia.* Iterum editit I.L. Heiberg ; corrigenda adiecit E.S. Stamatis (pour les volumes I-III), Teubner, Stuttgart, 1972-1975. 4 vol. [1]

BOS, H.J.M., *Redefining Geometrical Exactness. Descartes' Transformation of the Early Modern Concept of Construction*, Springer Verlag, New York, Berlin, etc. 2001. [2]

CLAVIUS, C. (éditeur), *Elementorum Libri XV. Accessit XVI de solidorum regolarium Comparatione* [...], Apud Vincentium Accoltum, Romæ, 1574. 2 volumes. [3]

DESCARTES, R., *La Géométrie*, in *Discours de la méthode [...] plus la Dioptrique. Les Météores. Et la Géométrie qui sont des essais de cette Méthode*, I. Maire, Leyde, 1637, p. 295-413. [4]

GAUSS, C.F., « Neue Entdeckungen », *Intelligenzblatt der allgemeinen Literatur-Zeitung*, 1796 (66) : 554. [5]

GAUSS, C.F., *Disquisitiones Arithmetica.* In commissis apud G. Fleischer Jun., Lipsiæ 1801. [6]

HUYGENS, C., *Œuvres complètes de Christiaan Huygens* [...], Martinus Nijhoff, La Haye, 1888-1959. 22 volumes. [7]

KNORR, W.R., *The Ancient Tradition of Geometric Problems*, Birkhäuser, Boston, Bâle, Stuttgard 1986. [8]

KNORR, W.R., *Textual Studies in Ancient and Medieval Geometry*, Birkhäuser rkhauser, Boston, Bâle, Berlin, 1989. [9]

PANZA, M., « Rethinking geometrical exactness », *Historia Mathematica*, 38, 2011 (1) : 42-95, 2011. Traduction française (par S. Maroinne) *in* M. Panza, *Modes de l'analyse et Formes de la Géométrie*, Vrin, Paris, à paraître. [10]

PANZA, M., « The twofold role of diagrams in Euclid's plane geometry », *Synthese*, 186 (1) : 55-102 2012. Traduction française (par S. Maronne in M. Panza, *Modes de l'analyse et Formes de la Géométrie*, Vrin, Paris, à paraître [11]

PAPPUS, *Pappi Alexandrini Collectionis quae supersunt* [...] Latina interpretatione et commentariis instruxit F. Hultsch, Weidmannos, Berolini, 1876-1878. 3 volumes [12]

PRADO, J. (de), et VILLALPANDO, J.B., *In Ezechielem explanationes et apparatus urbis ac templi hierosolymitani. Commentariis et imaginibus illustratus* [...], ex typogr. A. Zannetti (et J. Ciaconii), Romæ, 1596-1604. [13]

VIÈTE, F., *Supplementum geometriae.* Jamet Mettayer, Turonis, 1593. Aussi in F. Viète, *Opera Mathematica*, Opera atque studio F. à Schooten, B. & A. Elzeriorum, Lugduni Batavorum, 1646, 240-257. [14]

VIÈTE, F., *The analytic art. Nine studies in algebra, geometry and trigonometry from the* Opus Restituitæ Mathematicæ Analyseos, seu Algebrâ Novâ, Kent State University Press, Kent (Ohio), 1983. Édité et traduit en anglais par T.R. Witmer. [15]

WOEPCKE, F., « Trois Traités arabes sur le compas parfait », *Notices et extraits des manuscrits de la Bibliothèque Impériale et autres bibliothèques*, 22 : 1-175 1874. Aussi *in* : F. Woepcke, *Études sur les mathématiques arabo-islamiques*, Inst. für Geschichte der Arabisch-Islamischen Wissenschaften an der Johann Wolfgang Goethe-Universität, Frankfurt am Main, 1986, vol. II, 560-734. [16]

PREUVES ET ONTOLOGIE
CHEZ DESCARTES

Ce que pourvoit la postérité de la méthode
des coefficients indéterminés

Au mitan du siècle des Lumières et par quelques lignes de l'*Encyclopédie* qui seront intégralement reprises une trentaine d'années plus tard dans le premier volume spécialisé sur les mathématiques de l'*Encyclopédie méthodique*, Jean d'Alembert instruisait la mémoire d'une création, nommant explicitement et l'auteur et la méthode.

> La méthode des *coefficiens* indéterminés est une des plus importantes découvertes que l'on doive à Descartes[1].

Dans la mesure où depuis d'Alembert les mathématiciens n'ont pas changé d'opinion sur l'importance et sur l'efficacité de la méthode ainsi attribuée[2], des questions se posent, tant sur le silence du mathématicien John Wallis agissant comme historien qui, en 1685, lançait le genre anti-cartésien en mathématiques que sur l'oubli actuel de l'attribution à Descartes de ce qui est devenu un outil type de la modélisation. Le rôle épistémologique de la méthode semble éradiqué du compte rendu de la plupart des commentateurs[3], et nous croyons que bien peu soulignent

---

1   Entrée Coefficient, signé O selon le repérage qui désigne d'Alembert. Ce dernier avait laissé l'entreprise encyclopédique aux mains de Diderot, mais avait pris le soin d'écrire tous les textes dont il était chargé à l'origine. Cette entrée est intégralement reprise dans *Mathématiques*, tome I, *Encyclopédie méthodique*, Paris, Panckoucke, 1784, p. 353.

2   Ladite méthode est au programme officiel de préparation du concours des grandes écoles scientifiques, mais je ne crois pas avoir lu dans ces programmes que cette modélisation doive quelque chose à Descartes. Ce n'est pas l'errance de cette attribution qui est une motivation pour mon interrogation présente, mais l'absence d'une ancienneté de la méthode, comme si elle devait tout à l'ère numérique.

3   Signalant un dédain repris de Wallis, il est notable que la méthode n'ait donné lieu à aucune discussion dans Stedall, 2002. Alors qu'il est généralement scrupuleux avec la matière mathématique, William Shea n'évoque pas cette méthode dans son ouvrage de

combien la méthode fut pensée par Newton et par Leibniz comme
étant essentielle au déroulement même du Calcul. Nous y reviendrons
bien sûr. Si nous commençons par évoquer ces questions à la manière
d'un jeu de mémoire et non comme un jugement épistémologique à
porter, c'est que l'enjeu est une révision de l'interprétation de la théorie
cartésienne de la connaissance. D'autant qu'on accuse couramment cet
auteur de forfanterie, car il tablerait sur l'évidence et l'intuition sans
apporter d'autre preuve. Cette révision, qui ne se veut aucunement comme
négation des si nombreuses études passées dont nous nous sommes
servi, ne pourra intervenir qu'au terme d'une lecture à nouveaux frais
de la méthode elle-même. Pour pouvoir le faire sans être écrasé par la
charge de banalité à laquelle la plupart des historiens se contentent de
faire référence en passant, je dois d'abord déconstruire cette banalité.
Sans pour autant tenter de déconstruire la méthode elle-même, puisque
c'est sa structuration que je recherche. Si en effet les mathématiques
peuvent être décrites comme une construction, leur histoire l'est bien
plus encore, et la prise de conscience de cette situation pourrait constituer
un des « nouveaux objets » dont l'épistémologie des mathématiques est
forcément friande, connaissant si peu de renouvellements. L'utilisation
critique des différentes postérités possibles, comme évidemment de leurs
contraires que sont les mises sous le boisseau de la méthode des coefficients indéterminés, me servira dans ce passage étroit entre un après
finalement assez lointain et un texte bien court et daté de Descartes
dans la *Géométrie* en 1637. Peut-être sera-t-il possible non seulement
d'esquisser un autre Descartes, mais encore de permettre le retour en
mathématiques d'une pensée qualifiable comme métaphysique, faute de
meilleurs termes sans doute mais assurément parce que la qualification
platonicienne serait erronée. Au moins, établir les conditions d'un tel

---

1991. Pas plus d'ailleurs que Chikara Sasaki, dans un ouvrage pourtant plus spécialisé
de 2003. Elle ne fait l'objet d'aucun développement en 1960 chez Jules Vuillemin, peut-
être parce que cet auteur ne s'attache qu'aux analogies entre la pensée mathématique de
Descartes et sa pensée métaphysique et ne voit alors aucun usage de cette méthode des
coefficients indéterminés, beaucoup trop liée à l'algèbre polynomiale qu'il assure n'être
que l'algèbre du fini. Je ne veux pas contrer cette interprétation, mais abolir l'attitude
qui consiste à estimer que n'a absolument rien de métaphysique la mise en place d'une
réforme des mathématiques n'utilisant pas l'infini à une époque, celle marquée par
Kepler et Cavalieri, où l'infini justement devient un moyen mathématique, malgré tous
les paradoxes logiques le concernant, dont la roue d'Aristote, rappelée par Galilée en
1638 dans les *Discorsi*. Voir Jullien, 2015.

retour est l'objectif second de la présente réflexion, peut-être s'installant dans la ligne d'un « tournant pratique » dont nous nous gardons de dire s'il se situe en philosophie ou en histoire des sciences.

POSTÉRITÉS EN TROIS OBJETS
ET SILENCES SUR LA MÉTHODE ELLE-MÊME

Qu'il se fût agi d'agencer une postérité, c'est-à-dire de montrer la reprise élargie d'un acte intellectuel ancien[4], était reconnu par d'Alembert lui-même. Puisqu'il évoquait comme application possible de cette méthode le calcul intégral, que Descartes ne connaissait pas.

> Cette méthode très en usage dans la théorie des équations, dans le calcul intégral, & en général dans un très-grand nombre de problèmes mathématiques, consiste à supposer l'inconnue égale à une quantité dans laquelle il entre des *coefficiens* qu'on suppose connus, & qu'on désigne par des lettres ; on substitue ensuite cette valeur de l'inconnue dans l'équation ; & en mettant les uns sous les autres les termes homogènes, on fait chaque *coefficient* = 0 ; & on détermine par ce moyen les *coefficiens* indéterminés[5].

Quoique assez littéraire, cette définition sacrifiant à la mode algébrique d'un jeu variable sur le connu et l'inconnu, du déterminé et de l'indéterminé, pourrait figurer dans un dictionnaire d'aujourd'hui. Sous la réserve majeure de donner au mot « quantité » un contenu explicite, et en ce cas forcer à évoquer un polynôme, un développement en série, ou une série formelle[6] : trois objets au moins comportant tous des coefficients

---

4   Pour ce que j'entends par postérité, et son usage en vue d'une histoire des savoirs scientifiques débarrassée de la hiérarchisation des renommées en fonction du temps présent, voir Jean Dhombres, « Une histoire de l'objectivité scientifique et le concept de postérité », in Guesnerie, Hartog, 1998.

5   Référence donnée à la note 33.

6   La description de la méthode qui est donnée par d'Alembert rend impossible qu'il pense à une fonction générale qui dépendrait de paramètres, c'est-à-dire de coefficients à ajuster. La notion de dépendance linéaire est indispensable. Mais l'est aussi le jeu polynomial multiplicatif sur les coefficients. Il y a plus encore avec un jeu fonctionnel que l'on peut constater sur les séries formelles. La variable elle-même, réelle, joue un rôle bien rarement souligné dans ladite méthode qui, selon tant de commentateurs, reste confinée en « algèbre pure ». J'entends expliciter ci-dessous ces différents points, mais il vaut mieux

puisqu'il faut être fidèle à l'objet même de l'entrée de d'Alembert dans
l'*Encyclopédie*. L'absence d'explicitation de l'objet d'application de la méthode,
qui peut revenir à affirmer dogmatiquement la versatilité de celle-ci, doit
devenir ma première interrogation. Elle enveloppe l'explication non moins
nécessaire du fonctionnement de la méthode. Que nous ne voulons pas
détailler d'emblée afin de ne pas réduire à une habitude qui empêcherait
de voir l'objet mathématique en cause. Nous le laissons volontiers indécis
au début, et il va dépendre des postérités, un mot que nous utilisons au
pluriel pour qu'il soit vraiment utile en histoire des sciences. Ce sont donc
celles-ci que nous devons d'abord traquer pour pouvoir, plus tard, préciser
éventuellement cet objet, voire ces objets.

Si l'on retient en effet que le polynôme a été la cause matérielle de
la méthode, quel sens y aurait-il pour d'Alembert à ne pas le nommer ? Alors qu'il identifie l'auteur. Certes ce que d'Alembert façonnait
comme geste d'action autour du mot « coefficient » conduit, par un
habitus d'aujourd'hui, à l'idée de polynôme. C'est un concept à n'en
pas douter, et l'exemple même d'un objet mathématique inconnu de la
tradition héritée des Grecs, mais travaillé dans la tradition en langue
arabe. Le mathématicien, même historien, hésitera à le dire inventé par
Descartes, tant il paraît disposer d'une bien plus grande ancienneté.
Mais j'ai évoqué comme autre objet la série entière : elle était aussi peu
connue de Descartes que le calcul intégral. Or John Wallis s'en dira le
précurseur par son « Arithmétique des infinis » de 1656. Ce qui, du point
de vue épistémologique au moins, pourrait expliquer son silence sur la
méthode des coefficients indéterminés ; car il aurait pu vouloir recentrer
sur ce qu'il pensait être le véritable objet, refusant à ce titre d'en faire
une postérité du geste cartésien. Ce sera une de mes questions. Mais ne
peut-on aller jusqu'à envisager la notion de série formelle, qui reçut une
place de choix dans la première moitié du XXe siècle, avec la présentation
« algébrique » de la théorie des fonctions analytiques chez l'Américain
d'origine finlandaise Lars Valerian Ahlfors en 1953, élégamment repris
par le Français Henri Cartan[7] ? Y interviennent des coefficients, et ils

---

d'emblée voir où se situent les questions, alors que d'Alembert ne pense nullement qu'il
a restreint aux polynômes, ou à une algèbre qui serait qualifiée comme finie, par rapport
à une algèbre des séries.

7   Henri Cartan, dans *Théorie élémentaire des fonctions analytiques d'une ou plusieurs variables
complexes* (Paris, Hermann, 1964), mentionne dûment l'ouvrage en anglais de Lars
V. Ahlfors, *Complex Analysis* de 1953.

sont pris avec la généralité d'un corps commutatif, alors qu'il faut bien reconnaître que demeure un certain flou pour savoir ce que sont les coefficients, aussi bien chez Descartes ... que chez d'Alembert. Lever ce flou, ou plus précisément donner les interprétations possibles, devient enfin un objectif, non par seul souci historique de complétude, mais pour appréhender correctement la façon dont Descartes organisait la présentation de cette méthode, sinon son objet. Sachant qu'il ne choisit pas la voie axiomatique. Car Descartes est en plus l'auteur de l'adjectif « réel » ; ce qualificatif spécifie certaines racines, mais peut-être aussi ces coefficients, par opposition aux inévitables imaginaires qu'il avait inventées[8]. Le vocabulaire contrasté réel/imaginaire, maintenu jusqu'à aujourd'hui mais à la seule manière de l'inclusion du corps des réels dans le corps des complexes, fait-il le sens que Descartes travaillait avec la méthode des coefficients indéterminés, les déterminant en tant que coefficients réels ? Si n'apparaît certes aucun coefficient complexe pour un polynôme chez Descartes, faut-il se contenter de parler de manque d'audace ? La limitation aux réels est peut-être bien l'essence pratique (il faut excuser le caractère oxymorique de l'expression) de la méthode. Cette dernière question est encore posée de façon trop rétroactive, à partir de notre contemporain, et en plus avec une limitation de l'imaginaire au complexe. Il me faut donc traverser bien d'autres couches de postérité[9]. On peut se demander aussi bien si le mot « réel » utilisé par Descartes ne

---

8   J'écris « imaginaires » au féminin, pour singulariser la terminologie de Descartes, différente des « quantités imaginaires » ou des « variables imaginaires » du XVIIIe siècle à nos jours ; elle ne saurait évidemment se réduire à nos nombres complexes. Voir Alvarez, Dhombres, 2011.

9   Les hauts et bas de la renommée de Descartes en tant que philosophe ont fait l'objet de nombreuses études, de François Azouvi notamment (« Descartes », dans Nora, 1993, t. VI, p. 735-783) et plus récemment en 2014 de Stéphane van Damme, pour ne citer que des auteurs français. Beaucoup moins a été tenté en ce sens de la réception pour le mathématicien Descartes (voir cependant Henk J. Bos qui décrit en 2001 un beau segment historique avec le succès puis la déshérence de la théorie cartésienne de construction des courbes. Puisque cet historien décide de ne pas s'intéresser à la construction des tangentes, car ce ne serait pas une partie de la construction des courbes qui le motive, je constate qu'il omet toute allusion aux coefficients indéterminés. Malgré tout son intérêt pour l'épistémologie historique, notamment pour expliquer la difficulté chez un Anglais comme John Wallis de reconnaître l'invention cartésienne, mon propos ne sera pas d'histoire culturelle. C'est l'enjeu d'une influence des mathématiques sur la pensée philosophique que je veux envisager, sans pour autant focaliser sur la philosophie naturelle et le système du monde, pour lesquels il existe de si nombreuses et riches études qui impliquent peu de mathématiques, sinon les éliminent.

comporte aucun sens géométrique, une construction par exemple. Mais la question n'est-elle pas plutôt d'éviter l'adjectivation « géométrique » puisque tous les commentateurs envisagent un bouleversement radical de la géométrie par Descartes. Ce dont témoigne mal le choix, bien ultérieur, de réduction de son œuvre à la géométrie analytique. Mais nous ne cherchons pas à entrer dans ces conflits d'attributions disciplinaires, et souhaitant analyser la pensée de Descartes telle qu'elle s'offre dans mon parcours historique de lecteur, d'utilisateur et de commentateur, je me contente de souligner l'inutile ambiguïté à parler du « géométrique » sans préciser au moins de quelle géométrie il s'agit.

En adoptant le mot « quantité », qui faisait déjà désuet du temps de d'Alembert quoique se rattachant à une définition englobant les mathématiques par un objet unique, cet auteur ne manifestait pas une permanence géométrique, même s'il voulait jouer de l'effet de halo glorieux de l'œuvre de Descartes revue plus d'un siècle plus tard. Elle se trouvait *de facto* investie dans le secteur en pleine expansion des équations différentielles et aux dérivées partielles, leur donnant un aspect algébrique, mais utilisant sans y trop faire attention les séries entières pour écrire des fonctions. Descartes lui-même n'avait pas employé le mot de quantité en 1637, sans doute parce qu'il aurait paru trop révolutionnaire pour désigner ce qui n'avait justement pas de mesure et n'était donc pas une quantité au sens des grandeurs dont s'occupaient *a priori* les mathématiques selon la conception aristotélicienne maintenue de cette science. Qu'est-ce en effet que la mesure d'une « quantité polynomiale » ? Justement, la méthode des coefficients indéterminés pourrait être, chez Descartes, une réponse à cette question sur la nature de la grandeur en jeu, aussi bien fondamentale au sens d'élément de base d'une théorie en élaboration, que pratique au sens d'objet d'un calcul. Et qui n'aurait pas forcément alors une, mais plusieurs postérités. Serait-elle pour autant sans attaches antérieures ? *Ipso facto*, selon ce que l'on choisit dans ce pluriel même, les antécédents pourraient même ne pas exister.

Analyser en détail la réception de la méthode jusqu'aux postérités, c'est certainement sortir du lieu commun sur Descartes, présenté comme ayant seulement adapté le langage algébrique à la géométrie, à la différence du créateur profond de la géométrie analytique que serait Fermat. C'est dégager une méthode purement algébrique chez Descartes, éventuellement modulable, mais seulement par plus-value en vue de la résolution de certains problèmes géométriques[10]. Comme celui de trouver une tangente à une courbe « recevable en ma géométrie » selon la forte restriction promulguée par Descartes, aussi forte que celle d'Euclide éliminant certaines grandeurs de sa théorie des proportions au livre V des « Éléments », comme l'angle de contact. Cette élimination et cette restriction aux courbes précisément définies par l'égalité à zéro[11] d'une forme polynomiale (à deux variables cette fois) serait-elle une lubie ? Si elle peut avoir une signification pour la géométrie elle-même, il m'importe de montrer comment Descartes distingue tout à fait la méthode de la réalisation d'une tangente à une courbe. C'est pourtant pour ce problème précis qu'apparaît le si discret polynôme dont la nature fait question. Là est une belle question historique : distinguer la méthode du problème est bien l'acte de Descartes, mais penser le polynôme est-il un effet du problème en jeu, ou un effet de la façon de Descartes de procéder par problèmes ? Descartes utilisera la même méthode pour un tout autre calcul, cette fois sans mention particulière, mais avec une conception du polynôme algébriquement plus élaborée[12]. Dès les développements du calcul intégral, au début du XVIIIe siècle, la méthode jouera pour l'intégration pratique des fractions rationnelles, une facette de ce calcul

---

10 Divers points de vue sur l'œuvre de Descartes sont rappelés avec économie et élégance en 1998 par Michel Fichant. Pour le rapport Fermat/Descartes, on pourra consulter entre autres, mon article de 2007. Jean Dhombres, Calcoli e forme d'invenzione nella mathematica francese del Seicento, in Claudio Bartocci, Piergiorgio Odifreddi (éd.), *La matematica. I luoghi et i tempi*, Einaudi, 2007, p. 283-330.

11 Des commentateurs mentionnent cette égalité à 0 comme une invention de Descartes, sans pour autant signaler qu'ainsi apparaît la forme polynomiale complète, avec le terme constant. Ce mot, constant, introduit subrepticement une interprétation fonctionnelle pour le polynôme. Avant Descartes, elle avait été instrumentalisée par Stevin dans son *Arithmétique* de 1585, précisément en mettant le terme constant de l'autre côté de l'égalité, comme une valeur de la fonction « polynôme » (pourtant incomplète). Je m'attache à traquer de telles manipulations du polynôme qui passent le plus souvent inaperçues, comme si le concept avait toujours été le même, ou tendait vers une seule manifestation. Si d'emblée je peux annoncer que ma démarche ne peut pas percevoir le polynôme de Descartes comme la construction d'une fiction commode ou comme une définition de convention, dire d'avance par des mots d'aujourd'hui ce que je vais découvrir sur ce polynôme annihilerait l'effet d'enquête épistémologique que je cherche à mener sur ce qui est au fond très banal aujourd'hui. Parler du polynôme comme de la cause matérielle de la méthode des coefficients indéterminés, c'est comme évoquer la vertu dormitive en tant qu'explication de l'opium.

12 Il le fait lorsqu'il s'agit de décomposer un polynôme de degré quatre en produit de deux polynômes du second degré. Il n'est évidemment pas novateur sur ce sujet du degré 4, puisque l'école algébrique italienne et l'Allemand Faulhaber l'avaient traité.

que l'on dit souvent algébrique, alors même qu'interviennent nécessairement les logarithmes. Si se pose la question de savoir à quelle analyse
appartient la méthode des coefficients indéterminés, c'est bien parce
que l'on veut prescrire une postérité particulière. Peut-on la dire seulement algébrique ? En interrogeant ainsi *a priori* et sans meilleure base
de postérités, je risque de manquer ce que Descartes a vraiment fait.
Il me faut décidément préciser l'objet polynôme en cause, sans verser
dans la classification des disciplines, mais cela ne peut se faire, je crois,
qu'en parcourant les postérités déjà envisagées sur les trois seuls objets
distingués, et permettre de voir trois « polynômes » qui se trouveront
distincts sur le plan conceptuel. En aparté ici, notre façon de fonctionner
espère apprendre par l'histoire ce que nous n'avons plus la possibilité de
distinguer dans le présent mathématique. En cette plus-value scientifique
se situe en tout cas un des avantages de l'histoire des sciences.

LE « POLYNÔME ALGÉBRIQUE », LE « POLYNÔME RÉEL » OU LE « POLYNÔME FONCTIONNEL »

On peut penser que Descartes lui-même ne voulut pas préciser le
lieu d'application de sa méthode. Il préparerait ce qui fut son futur ; il
se porta plus sur la méthode que sur un objet mathématique comme le
polynôme qui n'était pas encore nommé tel en 1637. Quoique Descartes
ait parlé de « somme qui se produit[13] ». Ce vocabulaire est indissociable
de sa présentation multiplicative issue de Viète et également adoptée
par Harriot, mais il ne fut jamais repris[14]. Tant l'algèbre polynomiale
a évolué après Descartes qui avait essentiellement la mise en facteur
à sa disposition (on parle de « théorème de Descartes[15] »), alors même

---

13   Voir plus loin la reproduction du texte original de 1637.
14   L'idée est celle de produire les multiplications binomiales $(x-a)(x-b)(x-c)$…et donc d'avoir
      des coefficients la vision procurée par les relations de Viète avec les fonctions symétriques
      élémentaires des a, b, c, etc. Le théorème fondamental de l'algèbre, bien ultérieur, per-
      met de dire qu'on ne peut pas se contenter de valeurs réelles a, b, c, etc., mais que si des
      nombres complexes doivent intervenir, ils suffisent à la factorisation de tout polynôme
      à coefficients complexes.
15   Le « théorème de Descartes » est généralement présenté, dans des dictionnaires notam-
      ment, sous la forme suivante, avec plus ou moins d'insistance sur l'adjectif « réel » : si

que cette algèbre se forma sur la division polynomiale générale, et avec l'identité de Bézout comme formule exemplaire[16]. Cette algèbre polynomiale construit ce que je vais appeler le « polynôme algébrique » aux fins d'abréviation. Serait-elle cette fois la cause formelle de la méthode des coefficients indéterminés ? Je peux répondre, mais en introduisant d'autres polynômes qualifiés.

Descartes considérait la « somme qui se produit » comme une grandeur. Nous pouvons aujourd'hui la dire grandeur vectorielle, ce qui ajoute à l'idée de plusieurs paramètres (les coefficients), celle d'une dépendance linéaire qui donne le « polynôme vectoriel ». Je voudrais argumenter que cette interprétation par l'algèbre linéaire de la démarche de Descartes n'est pas une reconstruction anachronique. Nous faisons attention à évoquer l'algèbre linéaire et non le vecteur pour éviter l'allusion géométrique. Mais en plus nous allons montrer que Descartes donna un sens aux coefficients en tant que nombres déterminés uniquement comme solutions d'équations linéaires[17]. Alors que la tradition toute récente, ou si l'on veut la nouveauté la plus forte jusqu'à lui, celle de Viète (disparu en 1603) comme celle de Stevin (disparu en 1620), restait surtout confinée aux polynômes à coefficients entiers[18]. En raison aussi

---

a est une racine réelle d'un polynôme à coefficients réels *P* de degré *n*, il existe un polynôme à coefficients réels *Q* et *P(x)= (x-a)Q(x)*. Ce résultat est une banalité dès lors que l'on dispose comme au XVIIIᵉ siècle, d'une théorie de la division polynomiale (même si le corps de base était laissé indécis). Ce théorème vaut aussi pour une série entière (bien sûr dans son domaine de convergence) et Cauchy l'explicitera en 1821, sans toutefois citer le nom de Descartes. Mais le résultat ne passe pas aux fonctions seulement continues. Pensé pour sa valeur polynomiale, le « théorème de Descartes » impose la reconnaissance d'une forme. La dire simplement algébrique n'ajoute aucune clarification.

16 Deux polynômes *P* et *Q* sont premiers entre eux si et seulement s'il existe des polynômes *Q'* et *P'* tels que *PQ'-P'Q = 1* (qui est l'identité de Bézout).

17 C'est une remarque peu souvent faite que je soulignerai dans l'exposé même de la méthode des coefficients indéterminés.

18 Si le mot « polynôme » figure accidentellement chez Viète dans *In artem analyticem isagoge*, en 1591 (Voir *Opera*, p. 7), dans Viète encore pour sa théorie des sections angulaires publiée à titre posthume en 1615, il intervient tout de suite chez Stevin sous la forme de « multinomie » dont les coefficients sont dans les exemples le plus souvent entiers, et c'est avec l'idée d'une « quantité composée » qu'elle joue dans la littérature mathématique. Stevin désignait des « nombres algébriques » ou « multinomies algebraiques » dans son *Arithmétique* de 1585, et pouvait envisager un début d'algèbre commutative, basée sur la division polynomiale et le *pgcd* de deux multinomies, leur « plus grande mesure » comme il l'écrit (Iᵉʳ livre d'arithmétique, définition XXVI, p. 22, et problème LIII, p. 236, repris au volume IIb des *Principal Works of Simon Stevin*, p. 521 et p. 577). Le mot « coefficient », présent chez Viète, mais qui pouvait prendre chez Stevin une valeur

bien de l'allusion géométrique que de cette extension puisque je n'ai pas de critère d'identité, la qualification de « polynôme vectoriel » est formellement insuffisante.

Faut-il faire un grand bond et affirmer que l'objet constitué par Descartes, quoique non établi de façon axiomatique, soit le « polynôme réel » ? Sous ce nom nous faisons intervenir la réalité des coefficients, mais aussi des propriétés comme l'existence d'au moins une racine réelle pour un polynôme de degré impair, une propriété qui dépend du signe pris par une valeur polynomiale, la sortant de la géométrie entendue comme une suite *stricto sensu* des *Éléments* d'Euclide, un texte qui ne prend pas les courbes dans son giron. Nous ne pouvons pas nous contenter de parler de polynôme à coefficients réels, où nous ne mettons pas cette fois de guillemets, puisque la notion est tout à fait claire aujourd'hui. C'est la notion de polynôme en tant qu'élément de l'espace vectoriel réel engendré par la base constituée par les fonctions puissances, comportant la fonction constante égale à 1 (x a la puissance 0). Parler de « polynôme réel » est envisager une postérité qui prenne en charge une propriété d'essence non algébrique : elle s'est avérée essentielle pour cette partie des mathématiques qui traite de l'existence des racines et qui fut reconnue sous le nom désormais stable de théorème fondamental de l'algèbre[19]. La terminologie retenue semble à tort l'enfermer en algèbre, alors même que l'analyse, au sens moderne, voire la topologie, y sont indispensables. Mais Descartes, pas plus que Wallis d'ailleurs, n'avaient aucun moyen, ni pour envisager de démontrer un tel théorème, ni pour l'énoncer sous la forme structurelle algébrique qui réduit les imaginaires cartésiennes aux nombres complexes. Une première démonstration, de nature topologique, est due à d'Alembert qui n'y impliquera pas Descartes cette fois, et Gauss, qui la critiquera en 1799, avouera *in fine* qu'elle constitue le « nerf » de sa propre preuve fonctionnelle, à la différence des démonstrations

---

irrationnelle toujours précisée, ne fut pas d'un usage courant avant la fin du XVIIe siècle, absent de chez Descartes dans la *Géométrie*. Ce dernier préfère parler de « quantité connue », spécifiant même du second ou du troisième ordre, fidèle à son souci de l'ordre qui est à la base de l'écriture polynomiale qui se traduit par des exposants mis sur les coefficients, mais surtout donnant à voir la généralité numérique de ces « quantités connues ».

19 Je ne connais pas de démonstration de la règle des signes de Descartes qui ne fasse pas intervenir la propriété d'existence d'une racine positive d'un polynôme unitaire à coefficient constant négatif, ou une propriété voisine qui justement mette le zéro entre le positif et le négatif et singularise ce qui s'appellera plus tard le théorème des valeurs intermédiaires.

ostensiblement algébriques d'Euler ou de Lagrange qui n'eurent aucune postérité[20]. Au terme de mon analyse, je ne donnerai toutefois pas une réponse positive à la présence d'un « polynôme réel » chez Descartes, un objet qui n'a pas effectivement de postérité actuelle. Envisager cette hypothèse, avant de la critiquer, va nous permettre d'argumenter que la méthode des coefficients indéterminés a été pour Descartes le moyen de rendre visible un objet, plus qu'un concept. Qu'il reste à mieux cerner si je veux en faire une cause efficiente de la méthode.

Or il avait justement construit la « somme qui se produit » par produits de monômes. Mais ce n'était pas pour se contenter d'un simple instrument dans un calcul. Pour autant, on n'ajoute pas grand' chose tant la postérité algébrique est riche avec la notion d'espace vectoriel aussi bien que celle d'anneau. L'objet cartésien n'en est pas moins analytique par le jeu de ce que rappelle le « théorème de Descartes » sur la factorisation[21]. Le mot anachronique de structure vient naturellement à l'esprit, mais peut-être sans pouvoir la préciser. Puisqu'il pourrait y en avoir plusieurs superposées, comme dans ce que j'ai désigné par « polynôme réel ». Il faut s'imposer une nette limitation par rapport aux trois seuls objets évoqués d'emblée : polynôme, série entière, série formelle. Nous avons déjà mentionné la notion de racine réelle qui joue le « polynôme réel » dans certains cas cernés par des considérations de signes. Or cette notion ne passe pas aux séries entières, comme l'indique l'exemple de l'exponentielle qui ne s'annule pas. La structure en cause ne pourrait pas plus correspondre à l'algèbre des séries formelles, car celle-ci n'a pas à poser la question de l'existence de racines. Mais peut indiquer une autre piste le fait que cette dernière algèbre comporte naturellement l'idée de substitution d'une série dans une autre, celle qui fait traiter un polynôme comme une fonction, et qui est à la base de tant de transformations algébriques usuelles, aujourd'hui réduites à la simple notion de changement de variables. Le « polynôme fonctionnel », ou polynôme entendu comme une fonction élémentaire qui est notre façon la plus commune aujourd'hui dans les classes pour parler de la notion de variable, pourrait ainsi être la cause finale de la méthode des

---

20 Voir Dhombres, Alvarez, 2013.
21 Il suffit de lire le livre III de la *Géométrie* pour justifier l'expression d'une construction d'un polynôme par produit de binômes, et elle vient juste avant la factorisation décrite à la note précédente.

coefficients indéterminés. Sans atteindre une unique structure, à la façon justement de la mathématique des classes, quand elle est débarrassée des prétentions puristes des « mathématiques modernes ».

La question qui a été induite par le futur de la série formelle peut devenir celle de savoir si une ontologie de la fonction ne se nicherait pas derrière le seul nom de méthode des coefficients indéterminés. Pour éviter justement qu'elle n'accède à la généralité de la série formelle, et dans l'objectif de garder au polynôme une valeur de fonction selon chaque valeur attribuée à la variable x, notamment la valeur zéro qui fait l'intérêt de la notion de racine, et qui a le plus souvent été considérée comme la cause accidentelle de la méthode, alors que c'est ainsi que Descartes a d'abord construit le polynôme[22]. Bien entendu nous n'utilisons pas la notion de fonction au sens de Cantor, d'ailleurs mieux dite comme application d'un ensemble dans un autre. Nous établirons en analysant le texte de Descartes que la racine n'est pas la seule instance de la méthode où la variable intervienne, concluant que la piste fonctionnelle doit vraiment être privilégiée.

Mais d'une façon autre, ne peut-on jouer le langage kantien, et avouer que la disposition du calcul qui gouverne la méthode, certes spatiale comme je vais le montrer et comme le rappelait succinctement d'Alembert avec l'alignement des coefficients, était le schème qui aurait permis le polynôme ? Le risque est de faire perdre au spatial ses valeurs d'invention, puisque répondre par l'affirmative serait reconnaître qu'une forme analytique gère une intuition synthétique *a priori* ! L'enjeu conduit ainsi à réviser la théorie de la connaissance mathématique chez Descartes, à partir de la méthode des coefficients indéterminés qui malmène toute philosophie des mathématiques donnant la primauté d'origine au géométrique de nature spatiale. Mais le risque est le même avec le formel de l'algèbre, puisque nous avons dû envisager le « polynôme fonctionnel ». C'est sans doute pour ces raisons que la méthode des coefficients indéterminés est si souvent presque passée sous silence dans l'historiographie moderne, alors qu'il est difficile de l'ignorer au cœur même de ce que l'on appelle l'« analyse algébrique ». Serait-ce le bon repère pour ce que fait Descartes en l'occurrence de cette méthode ? Pourquoi ne pas préférer adopter l'expression d'analyse géométrique ?

---

22   Il suffit de lire le livre III de la Géométrie pour justifier l'expression d'une construction d'un polynôme par produit de binômes, et elle vient juste avant la factorisation décrite à la note précédente.

L'analyse algébrique a acquis dans la deuxième partie du XVIIIe siècle une signification autre que celle par laquelle se désignait auparavant, et peut-être pas de façon vague pour les contemporains, le type d'analyse menée par Descartes dans la *Géométrie*[23]. Ce premier type est la postérité immédiate aménagée par les éditions latines de la *Géométrie* par les soins de Frans van Schooten, avec leurs commentaires nombreux, qui pourtant n'aboutissent pas à la forme que nous appelons depuis deux siècles « géométrie analytique[24] ». La qualification un temps utilisée de « géométrie organique » ne signifie pas la même chose, impliquant une logistique, et quelques constructions géométriques dont la géométrie analytique est débarrassée. La piste fonctionnelle fait intervenir une autre analyse, celle d'Euler dans l'*Introductio in analysin infinitorum* de 1748, qui plaça la fonction au cœur de la construction, mais aussi le nombre réel, donc la variable comme processus infinitésimal. L'analyse algébrique subira une nouvelle transformation au tout début du XIXe siècle, et désignera tout ce qui se trouve nécessaire pour mener la démonstration selon Laplace du théorème fondamental de l'algèbre, dont la propriété déjà dite pour envisager la notion de « polynôme réel[25] ». En fin de siècle, la notion d'analyse algébrique désignera le seul jeu sur les séries, avec une conception tournée vers l'élémentaire du Calcul, et les équations fonctionnelles. Le « polynôme fonctionnel » doit beaucoup à la seconde analyse et à l'acte d'Euler, pour lequel le « polynôme réel » était une évidence non discutée, et donc un faux concept, quoiqu'un provisoire objet possible. Dans notre jeu, ce provisoire empêche la qualification de cause finale, mais pourrait passer pour un mouvement intellectuel. Même cette dernière qualification s'avère décevante, et nous devons reprendre ici la notion même de méthode, puisque l'objet sur lequel elle porte paraît analysé avec trop de latitude.

---

23 Hans Niels Jahnke développe en 2003 une conception différente. Parce qu'il voit l'analyse algébrique comme un tout se prolongeant depuis Euler. Voir aussi mon article de 1986.

24 La deuxième édition, celle de 1659, a établi Descartes comme mathématicien en Europe, et il fut lu avec les commentaires de van Schooten et de ses collègues, qui ont beaucoup apporté jusqu'à la fameuse règle de Hudde, succédané (mais pour nous seulement) de la dérivation. C'est sur un exemplaire de cette édition que Newton porta de nombreuses notes marginales. La règle de Hudde est discutée un peu plus loin.

25 Un cours de Garnier à l'École polytechnique porte officiellement en l'an IX le nom de *Leçons d'Analyse algébrique*, et donne précisément la démonstration de Laplace, telle que revue par Fourier en 1796, alors jeune enseignant à cette École.

NOUS NE SOMMES POURTANT PAS CONCERNÉ ICI
PAR LA MÉTHODE EN GÉNÉRAL
DANS L'ÉCONOMIE DE L'ŒUVRE DE DESCARTES

Comme nous en avons discuté ensemble, André Warusfel, dans une nouvelle édition du *Discours de la méthode* et des *Essais*, quoique parlant d'une « présentation plus qu'elliptique », n'hésite pas à poser la question de l'origine gnoséologique chez Descartes de la méthode des coefficients indéterminés.

> Il serait intéressant d'examiner si cette découverte n'a pas joué un rôle important dans la maturation des préceptes de sa Méthode, car elle touche de très près à un certain nombre de ses soucis récurrents, comme la technique de décomposition fragmentaire et le désir de classification par degrés de plus en plus composés[26].

Poursuivre cette idée conduirait à exprimer dans la méthode des coefficients indéterminés autre chose que la *mathesis pura atque abstacta* en laquelle Léon Brunschwicg voyait uniquement une intellectualisation de l'étendue et donc *stricto sensu* une « analyse géométrique ». Notre but est de préciser cette autre chose en faisant intervenir ce que j'ai appelé le « polynôme fonctionnel ». Nous voulons aussi montrer que le polynôme avec ses coefficients, sa variable aussi bien, ne peut pas être l'origine, ou cause première de la méthode, ni un produit dérivé. Car il en est son inséparable objet. Même si la postérité du polynôme, comme « polynôme algébrique » cette fois, se trouva détachée de la méthode.

Comme en aparté il faut que nous prévenions que nous n'entendons pas traiter ici la question de l'analytique en tant que mode de composition littéraire de la structure du *Discours* lui-même, ni ne cherchons après tant d'autres une origine aux trois règles énoncées en 1637. Notre propos n'est pas plus de discuter finement le lien épistémologique de cette méthode des coefficients indéterminés avec celle que Descartes mettait en avant dans le *Discours*, précisément dit de la méthode. Il est de savoir si la méthode dite des coefficients indéterminés que nous venons d'arrimer fortement au mot

---

26 René Descartes, *La géométrie*, présentation et notes de André Warusfel, in *Œuvres complètes, III. Discours de la méthode et Essais*, note 118, p. 735.

polynôme n'est pas associée à plus[27]. Y aurait-il une nécessité relative à la preuve de la méthode, en l'occurrence l'existence du polynôme, qu'il soit qualifié de « réel », de « vectoriel » ou de « fonctionnel » selon les pistes précédemment évoquées ? La question en retour est une question historique très générale, déjà suscitée par les différentes références données : pourquoi les constructions mathématiques indéniables de Descartes n'ont-elles pas débouché sur la reconnaissance d'un nouveau radical[28] dans les objets mêmes des mathématiques ? La « réforme des mathématiques » dont tous disent que Descartes fût l'un des acteurs, vue le plus souvent comme déshérence de bien des questions issues de l'Antiquité grecque, se réduit-elle à une concentration des modes de raisonnement sur des formes analytiques d'origines plus anciennes, les polynômes étant un des exemples majeurs ? Ou bien faut-il sérieusement envisager que des objets mêmes des mathématiques aient changé avec Descartes, la méthode des coefficients indéterminés devenant le fer de lance de la réforme ? Quel serait en ce cas l'investissement de ces changements dans d'autres domaines de la pensée ? Une réponse pourrait être de mettre la méthode à l'origine même de l'idée de modélisation mathématique. Le faire n'aurait aucun inconvénient mathématique, mais risque d'orienter la théorie cartésienne de la connaissance vers un empirisme des formes. Nous y reviendrons un peu plus loin pour refuser cette conclusion.

L'affaire est de toutes façons difficile à saisir pour ceux qui pensent *a priori* qu'en dehors d'un « mathématisme » général la création en mathématiques pures ne peut pas s'exporter. Une façon subtile mais fallacieuse de faire jouer ce préjugé est de considérer qu'à partir de la trentaine, Descartes ne cherchait plus à comprendre les possibilités intellectuelles de ses découvertes mathématiques qui allaient se multiplier, en partie seulement exhibées par la *Géométrie* de 1637, mais discutées dans des lettres à Mersenne, cette même année et les quelques années suivantes, justement en réponse à diverses critiques.

> C'est à ce moment que les Règles furent abandonnées, et cela marqua aussi la fin de l'essai de modeler la connaissance sur les mathématiques, au moins d'une autre manière que purement rhétorique.

---

27   Si l'on s'accorde aujourd'hui sur une rédaction de la *Géométrie* avant celle du *Discours de la méthode*, que celle-ci apparaisse en dernier est toujours l'alibi refuge de certains critiques, qui mettent de côté la *Géométrie* comme étant trop spécialisée pour être lue avec profit.
28   C'est plus généralement la question que traitait en 1962 Henri Gouhier, réédité en 1999.

Il précise :

> À partir de là, lorsque les mathématiques sont invoquées, elles le sont à titre
> d'exemple de la certitude, mais, en contraste sur les œuvres des années 1620,
> elles cesseront d'être accompagnées de la tentative de capter à tout niveau du
> détail mathématique de quoi cette certitude dérive ou est constituée. De fait
> l'intérêt pour des questions de méthode de Descartes dans ses écrits ultérieurs
> en vient à être déterminée par des problèmes métaphysiques, épistémologiques
> et de philosophie naturelle[29].

Une façon de refuser cette conclusion peut être de dire que Descartes
estimait sa géométrie terminée, par achèvement du cadre euclidien grâce
à l'extension que permettent tous les nouveaux « compas » des courbes
que Descartes appellerait précisément géométriques, et que Newton
fera connaître comme algébriques. En focalisant sur le « polynôme
fonctionnel » qui n'a pas de postérité disciplinaire précise, combinant
algèbre et analyse, nous nous engageons sur une tout autre piste.

LA MÉTHODE RECONNUE PAR DESCARTES
LUI-MÊME PORTE SUR LE PLUSIEURS COMPARÉ À L'UN

Si le mot « coefficient », pas plus que le mot « polynôme », ne figure
chez Descartes dans sa *Géométrie*, seul texte mathématique rendu public
de cet auteur dans lequel il travaillait, entre autres mais d'une façon
indéniablement originale, une théorie des équations et une théorie des
courbes, l'indication d'une méthode y est par contre explicite, quoique
sur un mode dégingandé devenu célèbre.

> Mais je veux bien, en passant, vous avertir que l'invention de supposer deux
> équations de même forme, pour comparer séparément tous les termes de l'une
> à ceux de l'autre, et ainsi en faire naître plusieurs d'une seule, dont vous avez
> vu ici un exemple, peut servir à une infinité d'autres problèmes et n'est pas
> l'une des moindres de la méthode dont je me sers[30].

---

29   Voir Gaukroger, 2002, p. 10 (ma traduction).
30   René Descartes, *La Géométrie*, in *Œuvres de Descartes publiées par Charles Adam et Paul
     Tannery*, tome VI, Réédition Vrin, Paris, 1996, livre II, p. 423 (orthographe modernisée).

Paradoxalement, le « plusieurs » sort d'un « seul » et d'ailleurs provoque plus que le multiple. Puisqu'il y aurait une « infinité » d'autres applications possibles ! S'agit-il d'une rhétorique facile sur les résultats de la méthode que Descartes ne développa pourtant pas ? Pas seulement, car la pluralité déduite de l'unique est précisément ce qui crée le polynôme au sens autre que celui de « la somme qui se produit », et auquel convient le sens de « polynôme vectoriel ». Même si l'on pense qu'en pragmatique systématique Descartes ne ferait part de son invention que par l'usage qu'il en donnait à prévoir, c'est justement cette multiplicité qu'il avait prévue.

Le mathématicien Duhamel, cette année où il présidait l'Académie des sciences en 1864, alors qu'il entendait comparer les méthodes de Fermat et de Descartes, ne l'envisageait pas sous cet angle, en restreignant *a priori* l'objectif. Il voulait lire comme cause occasionnelle de ladite méthode la seule détermination des racines doubles dans une équation polynomiale, qu'il considérait comme un « donné » mathématique. Pour lequel il n'y avait aucune ambiguïté à lever, qu'elle porte sur les coefficients ou sur la dépendance avec ce qui ne s'appelait pas encore une variable x et ce que j'ai résumé sous le nom de « polynôme fonctionnel ».

> Et alors se présente la question suivante, que nous considérerons d'abord indépendamment des circonstances particulières du problème actuel : étant donnée une équation de degré quelconque, $x^m + ax^{m-1} + bx^{m-2} + \ldots + tx + u = 0$, trouver la relation que doivent avoir entre eux les coefficients des diverses puissances de x pour qu'elle ait deux racines égales. C'est pour résoudre cette question que Descartes a imaginé la méthode des coefficients indéterminés, dont il a fait plus tard d'autres applications[31].

Si cette invention formidable qu'est la racine double pour dire le contact de la tangente à la courbe en géométrie fut longtemps considérée comme le sommet de l'analyse géométrique de Descartes, qui est l'autre attribution d'un génitif de l'analyse, une telle limitation n'est pas ce qu'écrit Descartes sur la méthode des coefficients indéterminés, même si c'est « en passant[32] » ! Le « je » du mathématicien qui prévoit « le plu-

---

31 Jean Marie Constant Duhamel, *Mémoire sur la méthode des maxima et minima de Fermat, et sur les Méthodes des tangentes de Fermat et Descartes*, extrait du tome XXXII des *Mémoires de l'Académie des sciences*, Paris, Gauthier-Villars, 1864, 55 pages.

32 S'il y a eu diverses études sur la rhétorique de Descartes, la *Géométrie* échappe encore au scalpel littéraire ou même à la déconstruction. Celle-ci ne sera possible, me semble-t-il, qu'en passant d'abord par la conception métaphysique que je donnerai ici en conclusion.

sieurs d'une seule » résonne ici aussi fortement que le « je » du *Discours de la méthode* auquel la Géométrie est associée[33]. Nous ne connaissons pas de précurseur à Descartes en cette forme de déduction du multiple par l'un, qui va plus loin que de seulement envisager un vecteur de l'espace euclidien comme la donnée de trois nombres. N'oublions pourtant pas, pour mesurer une nouveauté cartésienne, que l'idée de vecteur mettra plus de deux siècles pour s'établir comme algèbre[34]. Et c'est précisément ce retard qui est particulièrement gênant dans la notion envisagée plus tôt de « polynôme vectoriel » : elle est trop restreinte, à la manière d'une structure unique.

Un autre discours de postérité est survenu à l'occasion de la démonstration de la règle des signes, donnée en juillet 1741 à l'Académie des sciences et dans un rare écrit tout historique de cette Académie dans la partie des Mémoires. L'abbé de Gua de Malves manifestait l'importance de Descartes, quelques années avant que d'Alembert ne se déclare. Il mettait en évidence un « usage des indéterminées », dans un cadre restreint, tout à fait algébrique pour nous, avec la décomposition, c'est-à-dire analyse, d'une forme polynomiale unitaire du quatrième degré (sans coefficient pour le terme de troisième degré) en deux formes polynomiales du second degré à coefficients indéterminés, à ceci près toutefois que les coefficients du premier degré de ces deux formes sont pris de signes opposés.

> Cet usage des indéterminées est si adroit & si élégant, qu'il a fait regarder Descartes comme l'inventeur de la méthode des Indéterminées : car c'est cette méthode qu'on a depuis appelée & qu'on nomme encore aujourd'hui proprement l'*Analyse de Descartes* ; quoiqu'il faille avouer que Ferrei, Tartaglia, Bombelli, Viete sur-tout, & après lui Harriot, en eussent eu connoisance[35].

---

33 Marc Fumaroli, *Ego scriptor*, rhétorique et philosophie dans le *Discours de la méthode*, H. Méchoulan éd., Problématiques et réception du *Discours de la méthode et des Essais*, Paris, Vrin, 1988, p. 31-36 ; John D. Lyons, Rhétorique du discours cartésien, *Cahiers de littérature du XVIIe siècle*, n° 8, 1986, p. 125-147.

34 Une étude de la difficulté à reconnaître l'autonomie de la notion de vecteur est constatée dans un article de Jean Dhombres et Patricia Radelet-de Grave en 1991.

35 De Gua de Malves, Recherche du nombre des racines réelles ou imaginaires, réelles positives ou réelles négatives, qui peuvent se trouver dans les Équations de tous les degrés, *Mémoires de l'Acad. royale des sciences*, 1741, p. 454. Le travail de Descartes consiste à chercher un y (un seul coefficient indéterminé) tel que le polynôme $x^4 - px^2 + qx + r$ s'écrive comme produit de $x^2 - xy + (1/2) (p + y^2 + q/y)$ et de $x^2 - xy + (1/2) (p + y^2 - q/y)$. Il y a donc déjà eu un travail préliminaire sur les autres coefficients, qui tenait effectivement à la manière

Différente de celle de d'Alembert, cette postérité d'une méthode à laquelle le nom de Descartes était encore donné, n'était pas celle due à un premier qui l'aurait trouvée, mais à celui qui sut en faire un moyen efficace, en l'occurrence l'évitement des imaginaires au profit des facteurs du second degré. Avec cette « analyse de Descartes » selon de Gua, on a du mal à préciser en quoi consisterait l'antériorité des algébristes italiens (Cardan n'étant pas nommé), ou même Viète, l'influence indirecte n'étant évidemment pas en doute. L'antériorité italienne porterait-elle sur la décomposition d'un polynôme, sur la division polynomiale connue dans la tradition arabe, sur le calcul des coefficients indéterminés au moyen de plusieurs équations, ou sur le polynôme, comme objet identifiable avec ses coefficients réels, voire sur le « polynôme réel » ? Or Descartes n'explicitait qu'une seule équation dans ce cas précis de la décomposition d'une équation du quatrième degré, alors qu'il devrait y avoir exactement trois coefficients indéterminés. Est-ce la raison pour laquelle John Wallis s'interrogeait en 1685, citant à nouveau de possibles précurseurs, Bombelli et Viète seulement, mais n'en reprenait pas moins exactement l'expression de Descartes dans la *Géométrie* avec une seule équation de degré 6.

> *How he came by that Rule, he doth no where tell us; nor give us any Demonstration of it. (perhaps, because the same had been shewn in* Bombell *and* Vieta)[36].

Comme Wallis assurait ne pas avoir lu effectivement cette règle chez ces deux auteurs cités et qu'*a priori* il ne créditait Descartes d'aucune originalité, ni même d'un quelconque sens démonstratif, un syllogisme mal construit mais de rhétorique efficace, lui faisait conclure que la règle ne pouvait que provenir indirectement d'un auteur antérieur. Wallis assurait dans un scabreux glissement de sens que la règle se déduisait « naturellement » des « Principes de Harriot[37] ». Il lui fallait quatre pages

---

de Ferrari et de Bombelli d'écrire l'égalité de deux carrés. L'équation du sixième degré, $y^6 + 2py^4 + (p-4r)\,y^2 - q^2$, portant sur le seul carré de y (la résolvante) est en fait du troisième degré en y^2. Sont oubliées dans ce jeu de rappel historique les interventions de Faulhaber.

36 John Wallis, *A Treatise of Algebra, both Historical and Practical*, Londres, John Playford for Richard Davis, 1685, chap. 55 (A Rule of Des Cartes, for Dissolving a Biquadratick Equation into two Quadratiks), p. 208.

37 Wallis réfère à ce sujet à une lettre qu'il aurait écrite en 1648 à John Smith, professeur à Cambridge. Ce qui est un peu surprenant, puisque par ailleurs il assure n'avoir pris connaissance de la *Géométrie* de Descartes que par la première traduction latine de 1649.

bien serrées pour expliciter le résultat polynomial de degré 6, « which
agrees with the Rule of Des Cartes[38] ». En fait, il vérifiait que ce polynôme fournissait les choses nécessaires pour la mise en deux facteurs
de l'équation du quatrième degré. Autrement dit, Wallis préférait en
algèbre une preuve par synthèse à la manière par analyse qu'avait suggérée Descartes, en donnant les ingrédients sans lesquels la synthèse de
Wallis n'aurait pas été possible. La question du genre de la preuve de la
méthode des coefficients indéterminés ne nous concerne plus aujourd'hui
parce que justement le polynôme, et même la série, sont des objets de
consensus commun, en tout cas bien identifiés dans un cadre théorique
précis[39]. Alors justement que nous cherchons à distinguer ce qui pourrait être préfiguré chez Descartes comme un polynôme « algébrique »,
« vectoriel », « fonctionnel » ou encore « réel », toutes expressions que
nous avons dû précédemment préciser dans notre propre cheminement
historique alors qu'elles ne sont pas l'objet d'un vocabulaire, mais
relèvent de mélanges de théories bien plus amples que le simple nom
de polynôme, que Descartes ne prononce pourtant pas.

Pour éviter de gloser sur le mépris qu'a Wallis pour Descartes, il suffit
de dire que l'auteur anglais n'a pas compris la méthode des coefficients
indéterminés, son jeu du plusieurs issu de l'un, qui se prouve dès lors
que l'on fait du polynôme un objet vectoriel. Wallis n'eut pas d'usage
des polynômes dans son long ouvrage de 1685. À l'exception du chapitre 55, où il envisagea comme venant du seul Harriot une « quantité
absolument connue », un polynôme que nous ne spécifions pas, mais
pour lequel jouent les coefficients et les multiplications successives par
binômes qui présupposent d'autres racines que les seules réelles.

> *But for our guide therein (that we be not left to guess at random) it is manifest (from*
> *the Method of Composition) that the Absolute Known Quantity is made by a continual*
> *Multiplication of all the Roots*[40].

La version latine en 1693 de cette Algèbre, qui vient à l'occasion de
la publication des Œuvres de Wallis, différait pour une fois du texte
anglais de 1685, et insistait sur le copiage de Descartes quant à la
« composition des polynômes ». Le diable loge dans les mots, car Wallis

---

38   Livre de John Wallis cité à la note 68, *A Treatise of Algebra*, 1685, p. 212.
39   Voir Dhombres, 2000, p. 27-77.
40   Livre de John Wallis cité à la note 68, *A Treatise of Algebra*, 1685, p. 213.

faisait une distinction entre les imaginaires et les réels, qui sont des créations indubitablement cartésiennes, là où Harriot évitait même les racines négatives.

> *Præsumendum est ex Harrioti methodo (quam & Cartesius sequitur) Tot esse in quaque æquatione radices (reales aut imaginarias) quot sunt in ejus supremo termino (rite ordinato) dimensiones; factumque ex his continue multiplicatis, est absoluta magnitudo data. Et, superiores æquationes ex inferioribus (inverse multiplicatis) componi, easdem radices habentibus : Adeoque in illas (apta divisione) resolvi posse*[41].

LES SÉRIES ENTIÈRES SONT UNE CRÉATION ANALOGUE À CELLE DES POLYNÔMES,
mais elle ne fut pas ainsi conçue par Descartes, peut-être faute d'ontologie car la question de la convergence n'était pas formalisée

Nous devons revenir sur le fait que Wallis s'estimait responsable dans son *Arithmetica Infinitorum* de 1656 de l'invention des séries infinies. Car pouvait-il envisager le polynôme comme un cas particulier d'une série entière, inintéressant en soi de son point de vue ? Sur de telles séries joua la méthode des coefficients indéterminés, et c'est ce que la postérité mise en scène par d'Alembert nous a appris, et que nous constaterons pratiquement un peu plus loin. Cette situation ne peut pourtant être reconnaissable comme une postérité de Wallis que si les séries entières, abréviation pour série de puissances entières, c'est-à-dire des expressions de la forme $a+bx+cx^2+\ldots+kx^n+\ldots$, ou polynôme de degré infini comme on dira quelquefois, étaient effectivement les séries envisagées par Wallis. Il n'en est rien. Ou plus exactement Wallis en 1685 signalait une effervescence nouvelle « chez nous », en Angleterre, sur les « séries infinies[42] » qui mettait en jeu une « approximation continuelle », basée sur un principe qui serait celui de la méthode des indivisibles, et conviendrait encore à des quadratures ou des rectifications de courbes, et que nous

---

41 John Wallis, *De Algebra Tractatus; Historicus & Practicus*, Operum Mathematicorum Volumen alterum, Oxford, 1693, chap. 55.
42 L'expression apparaît comme une méthode dès la préface au lecteur de l'*Algebra* de 1685.

avons du mal à décrire parce que c'est un mixte d'une théorie des limites
et d'une induction fonctionnelle. Elle n'a donc aucune postérité au sens
que je donne à ce concept en histoire des sciences.

Mais peu importe, car au chapitre 85 de son ouvrage, Wallis donnait connaissance d'une autre méthode d'approximation « by Mr Isaac
Newton » ; il précisait le lieu d'apparition, qu'il faisait passer pour
public, avec une lettre de Newton du 24 octobre 1676, la fameuse *epistola
posterior*. Elle était destinée à Leibniz, qui ne la reçut que quelques mois
plus tard, et y intervenait le binôme dit de Newton, une série entière
précisément dans laquelle les coefficients sont en nombre infini. Cette
déduction de l'infini par la considération d'une seule série saisit autant
Wallis que Descartes avec son « plusieurs tiré d'un seul ».

> *But for this, Mr. Newton (in his letter of October, 24, 1676) doth furnish an expedient,*
> *not by any determinate Multitude of such Numbers, (which was not to be had) but*
> *by an infinity of such numbers*[43].

Au chapitre 91, Wallis donnait explicitement la formule du binôme
sous la forme de récurrence choisie par Newton, qui équivaut certes
à celle dont nous avons l'habitude, mais que j'écris autrement avec la
même fraction *m/n* pour permettre une reconnaissance

$$(1+x)^{\frac{m}{n}} = 1 + \frac{m}{n}x + \frac{m}{n}(\frac{m}{n}-1)\frac{x^2}{2!} + \ldots + \frac{m}{n}(\frac{m}{n}-1)\ldots(\frac{m}{n}-k)\frac{x^k}{k!} + \ldots$$

Car si le « He » du texte suivant désigne évidemment Newton, on
ne perçoit pas du premier coup d'œil la série entière, c'est-à-dire l'ordre
des puissances successives qui est le point emprunté à l'écriture polynomiale. Si pour la postérité, et déjà sous le regard un peu dépréciateur
de Leibniz, Newton est devenu le maître initiateur des séries, comme le
mentionne Wallis dans le cadre de ce qu'il faut peut-être décrire comme
préparant le futur règlement de comptes avec Leibniz, la méthode des
coefficients indéterminés elle-même n'est pas officiellement passée avec
les séries comme objet. Parce que cette méthode ne peut pas être ce qui
fait exister une série en raison d'une nécessaire mention de sens donné
à la somme infinie ; l'ontologie n'y est que subreptice, un fantôme, au

---

43   Livre de John Wallis cité à la note 68, *A Treatise of Algebra*, 1685, chap. 85, p. 318.

contraire de ce qu'avait fait Descartes avec le polynôme. Et de fait il n'y aura pas de démonstration chez Newton pour le binôme auquel il tient tant. Le texte de Wallis se trouve reproduit à la page suivante.

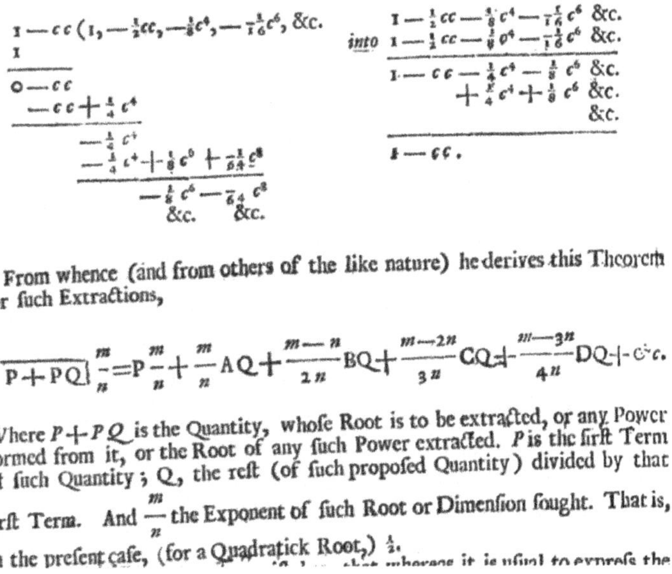

$1 - cc\,(1, -\frac{1}{2}cc, -\frac{1}{8}c^4, -\frac{1}{16}c^6$, &c.

$1 - \frac{1}{2}cc - \frac{1}{8}c^4 - \frac{1}{16}c^6$ &c. *into* $1 - \frac{1}{2}cc - \frac{1}{8}c^4 - \frac{1}{16}c^6$ &c.

$1 - cc - \frac{1}{4}c^4 - \frac{1}{8}c^6$ &c. $+\frac{1}{4}c^4 + \frac{1}{8}c^6$ &c. &c.

$1 - cc.$

From whence (and from others of the like nature) he derives this Theorem for such Extractions,

$$\overline{P+PQ}\Big|^{\frac{m}{n}} = P^{\frac{m}{n}} + \frac{m}{n}AQ + \frac{m-n}{2n}BQ + \frac{m-2n}{3n}CQ + \frac{m-3n}{4n}DQ + \&c.$$

Where $P+PQ$ is the Quantity, whose Root is to be extracted, or any Power formed from it, or the Root of any such Power extracted. P is the first Term of such Quantity; Q, the rest (of such proposed Quantity) divided by that first Term. And $\frac{m}{n}$ the Exponent of such Root or Dimension sought. That is, in the present case, (for a Quadratick Root,) $\frac{1}{2}$.

FIG. 1 – La formule du binôme de Wallis sous la forme de récurrence.

Et c'est bien ce qui à nos yeux explique que le nom de Descartes associé à la méthode des coefficients indéterminés doive disparaître de cette lignée des séries, comme nous entreprenons de le confirmer en relisant Descartes. Entre temps, Leibniz dès 1684, les deux frères Bernoulli dans des articles aux *Acta Eruditorum*, le marquis de l'Hôpital par un livre en 1696, développaient le calcul différentiel et intégral avec le signe *d* et le signe intégral qui trouvent une application immédiate dans les séries entières, qui sont peut-être à l'origine même de ce calcul sous la forme fluxionnelle chez Newton. Car s'appliquent directement à chaque fonction puissance selon les deux règles de différentiation et d'intégration :

$$d(x^n) = nx^{n-1}dx, \int_0^x t^n dt = \frac{x^{n+1}}{n+1}$$

Elles sont toutes les deux des opérations linéaires, donc convenant particulièrement bien au « polynôme vectoriel ». En tout cas, courant leibnizien ou courant newtonien, aucune discussion sur le sens et la nature de la convergence d'une série entière n'est vraiment engagée.

Est typique de ce manque, un court article particulièrement original d'Abraham de Moivre, publié aux *Philosophical Transactions* au mois de mai 1698, portant en son titre le mot de méthode, et employant en son développement le verbe « déterminer » : « Une méthode pour extraire la racine d'une équation infinie[44] ». Si l'on estime que ce remarquable article a pour objectif d'expliquer la méthode des coefficients indéterminés sur les séries, son classement en algèbre logistique par le mot « équation », et non « série », ne paraît pas remis en cause par l'usage de l'adjectif « infini » qui implicitement empêche le mot polynôme. On pourrait certes lire cet article comme la mise en lumière d'une technique sur les fonctions en ce sens que d'une égalité de deux séries entières, identiquement égales et développées chacune en une variable y et z respectivement, il s'agit d'exprimer l'une des variables en série entière de l'autre. C'est ce qu'indique le théorème de l'article.

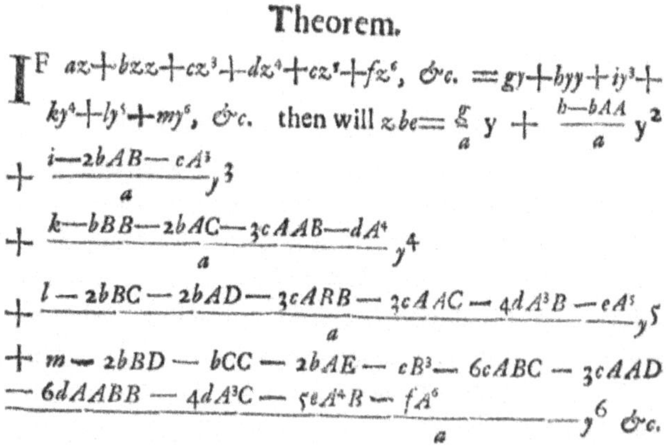

Theorem.

$$\text{IF } az + bzz + cz^3 + dz^4 + ez^5 + fz^6, \text{ \&c.} = gy + hyy + iy^3 + ky^4 + ly^5 + my^6, \text{ \&c. then will } zbe = \frac{g}{a}y + \frac{b - bAA}{a}y^2$$

$$+ \frac{i - 2bAB - cA^3}{a}y^3$$

$$+ \frac{k - bBB - 2bAC - 3cAAB - dA^4}{a}y^4$$

$$+ \frac{l - 2bBC - 2bAD - 3cARB - 3cAAC - 4dA^3B - eA^5}{a}y^5$$

$$+ \frac{m - 2bBD - bCC - 2bAE - cB^3 - 6cABC - 3cAAD - 6dAABB - 4dA^3C - 5eA^4B - fA^6}{a}y^6 \text{ \&c.}$$

FIG. 2 – Les deux règles de différentiation et d'intégration.

---

44 Abraham de Moivre, A Method of extracting the Root of an infinite Equation, may 1698, *Phil. Trans.*, N° 240, p. 190 (ma traduction).

À la façon de Descartes pour la méthode des coefficients indéterminés, auteur pourtant non nommé par Abraham de Moivre, le théorème cité explicite les coefficients de la série, donc détermine une unique nouvelle série, qui est « la racine » du titre de l'article. Mais au lieu de commenter cette affaire d'infini, de Moivre s'ingénie, comme Newton pour le binôme, à n'expliquer que l'écriture de l'algorithme en jeu sur les coefficients, avec les « lettres capitales » successives. Au moins par rapport à l'écriture du binôme de Newton[45] de 1676 telle que reprise chez Wallis en 1685, l'avantage en 1698 est d'exhiber les puissances successives des « équations infinies ». On ne peut que s'étonner de l'absence de démonstration en comparaison de ce soin apporté à l'écriture et à sa description en langage commun, mesurant ainsi ce qu'une notation indicielle, si elle avait été disponible, permettrait d'écrire simplement. La démonstration est pourtant annoncée comme on pourra le lire à la page suivante. Ce qui est annoncé comme « démonstration » est un simple constat. Il va me permettre de faire voir la différence avec Descartes agissant dans le cas des racines doubles avec la méthode des coefficients indéterminés. Le constat chez de Moivre est considéré comme une synthèse, l'exhibition formulée de tous les coefficients et non les équations qui les déterminent, laquelle correspond à la façon dont Wallis préférait traiter la factorisation indiquée par Descartes pour le polynôme du quatrième degré, ou encore la façon d'induction que dans son *Arithmetica universalis* de 1656 Wallis avait brillamment manifestée. Comment, à rebours, ne pas en déduire que l'exposé de Descartes est une preuve qui fonctionne comme une analyse ? Sans qu'il soit utile, et surtout exact, de l'adjectiver en la réduisant : analyse algébrique, analyse géométrique, etc. Ces expressions, utiles bien sûr, n'ont d'intérêt que pour marquer des postérités de méthode chez Descartes, des rangements aussi dans l'ordre du monde mathématique. Ces rangements sont postérieurs à Descartes, qui ne les a pas du tout distingués, et même évoqua, dans un langage inouï pour un mathématicien, ou peut-être tout simplement ironique, de vouloir « corriger les défauts » de l'algèbre par la géométrie et réciproquement. Que vaut une méthode qui aurait des défauts ?

---

45 De Moivre dans cet article fait dûment remarquer l'intervention des coefficients numériques du binôme.

For the Demonstration of this ; suppose $z = Ay +Byy + Cy^3+ Dy^4$, etc. Substitute this Series in the room of z, and the Powers of this Series in the room of the Powers of z ; there will arise a new Series ; then take the coefficients which belong to the several Powers of *y*, in this new Series, and make them equal to the corresponding Coefficients of the Series $gy + hyy + iy^3$, etc. *and the Coefficients A,B, C,D, etc. will be found such as I have determined them.*

But if anyone desires to be satisfied, that the Law by which the Coefficients are formed, will always hold, I'll desire them to have recourse to the Theorem I have given for Rising of a infinite Series of any Powers or extracting any Root of the same ; for, if they make use of it for taking successively the Powers of $Ay +Byy + Cy^3$, *etc.* they will fee that it must of necessity be so. I might have made the Theorem I give here much more general than it is, for I might have supposed, $az^m + bz^{m+1}+ cz^{m+2}$ etc. $= gy^m + hy^{m+1}+ iy^{m+2}$ etc. then all the Powers of the Series $Ay +Byy + Cy^3+$, *etc.*

designed by the universal Indices must have been taken successively ; but those who will please try this, my easily do it by mean of the *Theorem for raising an infinite Series to any Powers etc.*

La méthode des coefficients indéterminés n'est en rien un compromis. De Moivre qui pose *a priori* z comme série en *y*, avec des coefficients *A, B, C*, etc., porte dans la première série en z, et regroupe sans vergogne aucune la série en puissances de *y*. Cette première étape de structure est évidemment absente de la démarche de Descartes : elle tient à la conception précédemment qualifiée de fonctionnelle pour les séries formelles. Ce qui ne doit pas *a priori* empêcher Descartes de l'avoir préparée. Ensuite, de Moivre identifie terme à terme au moyen de la seconde série en *y*. Cette seconde étape est la démarche même d'identification de la méthode des coefficients indéterminés que Descartes réservait aux polynômes et qui est donc passée toute entière aux séries entières. Comme une archéologie cartésienne, seul demeure le verbe « déterminer » chez Abraham de Moivre. Qui est néanmoins gêné, et procède à une explication pour « satisfaire » les esprits exigeants. Il fait référence à un théorème déjà démontré[46] sur l'élévation d'une série à une puissance, évidemment un cas particulier de son présent résultat (faire tous les coefficients *a, b, c*, etc. nuls, sauf celui pour la puissance désirée de z). Il justifie ainsi l'apparition des coefficients numériques du binôme par cette élévation à une puissance[47], et cette référence agit comme un

---

46 *Philosophical Transactions*, n° 230.
47 De Moivre, malgré l'écriture en série, et alors qu'il n'exhibe aucun dessin géométrique, utilise toujours les notations des proportions avec double points et même le vocabulaire

signe de reconnaissance du grand auteur Newton. De Moivre exprime ce binôme pour avoir le développement en y de

$$Z = (1 + y)^n - 1$$

Ce qui lui permet, par le résultat énoncé ci-dessus, de pouvoir calculer les coefficients a, b, etc., du développement en x de ce qu'il note *Log. (1+x)*, mais il ne conduit pas ce calcul à son terme pourtant simple. La référence au logarithme me paraît avoir un autre but. Car de Moivre explique ensuite, en des termes généraux, comment pour une courbe donnée par *y(x)* qui est développée en puissances de x comme s'il s'agissait d'un donné mathématique ancien, trouver par son théorème de développement en série l'abscisse x pour laquelle on ait en écriture moderne, avec des constantes fixées pour a, x_0 et a :

$$\int_a^x y(t)dt = \alpha \int_\alpha^{xo} y(t)dt$$

C'est la transposition en termes intégraux du problème général de la quadrature d'une courbe, sans bien sûr qu'il soit encore question de la réaliser à la règle et au compas. Ce qui, de toutes façons, n'aurait plus aucun sens géométrique compte tenu du départ, qui est une courbe quelconque.

Ce qui importe aussi est la position délibérément fonctionnelle qui est adoptée par de Moivre ; il s'agit d'inverser une fonction qui est donnée par une série. Peut-être est-ce alors la seule forme reconnaissable d'une fonction générale ? À la manière dont pour Descartes la seule façon de concevoir une courbe soit la façon « géométrique », ce qu'on appelle l'équation cartésienne à partir d'un polynôme à deux variables égalé à 0. Ce n'est pas par hasard que le cas logarithmique ait été au préalable traité par de Moivre : car telle était bien la première fonction envisagée dans l'histoire parce que différente d'une simple proportion, du moins l'une des premières si l'on pense par ailleurs à la manière déjà signalée dont Stevin maniait ses polynômes à coefficients entiers lorsqu'il cherchait des approximations décimales de racines. On n'échappe donc pas à une certaine ambiguïté de l'histoire, suscitée par la création cartésienne.

---

ancien *unciæ* pour désigner les binômes.

Si elle généralise l'algèbre polynomiale aux séries, la manière
d'exhibition sans démonstration d'Abraham de Moivre ne peut donc
pas être conçue comme faisant une postérité épistémologique de la
méthode des coefficients indéterminés de Descartes. Il restera à revenir
de façon réaliste à la convergence des séries, ce qui sera l'œuvre de plus
d'un siècle et elle trouvera chez Cauchy, Abel et Gauss la bonne formulation au début du XIXe siècle, avec les erreurs que l'on sait quant à
l'uniformité et à la continuité. Pourtant, sans plus de difficulté ou de
précision, huit années plus tard le résultat de de Moivre trouve sa place
dans un ouvrage voulu élémentaire – *Synopsis Palmariorum Matheseos* –,
« organisé pour le bénéfice et selon les capacités des débutants » ainsi que
l'écrit l'autodidacte William Jones[48]. Il cite « l'incomparable Sir Isaac
Newton », mais à propos du seul calcul de la sommation des vitesses du
mouvement des quantités, rappelle Viète et Harriot, oublie Descartes,
et s'inscrit dans le développement de « l'arithmétique des infinis » de
John Wallis. Il fallut donc attendre d'Alembert presque un demi siècle
plus tard pour rappeler le nom de Descartes.

Voilà pour l'histoire de la méthode en ce qu'elle porte sur l'objet
« série », qui était le deuxième objet possible. Le troisième objet, la
série formelle, nous a donné la notion de « polynôme fonctionnel », et
nous avons voulu montrer un tel passage chez Abraham de Moivre, et
sa banalisation peu acceptable chez William Jones. En conséquence
et comme annoncé dès le début de cet article, mais dernier avatar de
notre parcours des commentateurs, il nous faut envisager la question
de la modélisation. En tant que conformation préalable du réel, en elle
pourrait être une autre postérité dont Descartes se serait pourtant écarté,
comme s'il ne voulait pas la porter.

---

48 William Jones, *Synopsis palmariorum Matheseos, or a New Introduction of Arithmetic &*
   Geometry Demonstrated, in a short and easie Method, Londres, 1706.

PRENDRE LA MODÉLISATION COMME UNIQUE POSTÉRITÉ,
c'est délibérément ignorer l'existence a priori constituée
chez Descartes d'un objet mathématique

Une mention de la méthode est en effet faite aujourd'hui dans les programmes officiels des lycées. Elle vaut comme recherche numérique et elle paraît l'exemple le plus élémentaire d'une modélisation par la détermination de paramètres à partir de données expérimentales en vue de fixer un comportement de la nature[49]. En ce sens la méthode des coefficients indéterminés est devenue le paradigme de la formulation mathématique par adaptation à l'empirisme phénoménal aussi bien qu'expérimental. Cela va jusqu'à l'établissement des lois de la nature. On peut dire que le polynôme se présente avec ses coefficients pour paramètres. Avec plus de résonance historique, le mot « paramètre » inventé en latin par Claude Mydorge en 1631, fut précisément mis en français par Marin Mersenne pour quantifier le phénomène acoustique de l'écho. Je donne la citation entière tant elle exprime la façon de Mersenne, qui a tout de l'apologète et bien peu du métaphysicien[50], et sait néanmoins donner de l'importance à une notion analytique comme le paramètre en la réalisant.

---

49 Pour que l'on saisisse l'adaptation de la méthode à la pratique expérimentale, sinon à la réalité, il suffit de mentionner que c'est par la méthode des coefficients indéterminés que Fourier a découvert les coefficients éponymes. Il a réussi ce que Descartes n'a pas tenté, à savoir donner une formule explicite pour ces coefficients indéterminés. Du coup, la méthode choisie par Fourier lui fait envisager les « modes propres ». Voir Jean Dhombres, Jean-Bernard Robert, *Joseph Fourier, créateur de la physique mathématique*, Paris, Belin, 1992. Voir aussi, Jean Dhombres, Quelle est la part imprescriptible du calcul en mathématiques ? Séminaire Phiteco, 16 janvier 2018, Université de Compiègne, 40 pages. Mis en ligne. Alors que Descartes ne pense pas à ce qui sera le calcul de Hudde, dont il va être question un peu plus loin.

50 Marin Mersenne, *Harmonie universelle, contenant la théorie et la pratique de la musique*, Sébastien Cramoisy, Paris, 1636, livre 1, page 58.

> Ce qui arriue lors que l'on met l'oreille au point du miroir, dans lequel la lumiere du Soleil, ou de la chandelle se ramasse dauantage, car le Son qui se fait dans le lieu où l'on met la chandelle, & qui va frapper la glace d'vn miroir concaue spherique, se reflechit entre la quatre & la cinquiesme partie du diametre de la sphere, dont le miroir est vn segment: & s'il est Parabolique, il se reflechit à la quatriesme partie du *Parametre*, ou costé droit, dont ie parleray dans la Proposition qui suit, & dans le liure de la Voix, où l'on verra la maniere de faire toutes sortes de corps reflechissans, & les termes qui sont necessaires pour entendre les sections coniques; c'est pourquoy il n'est pas necessaire de nous estendre icy plus au long sur l'Echo, qui nous peut faire souuenir que toutes les parties de nostre corps doiuent estre des Echo resonants pour chanter, & pour repeter eternellement les loüanges de Dieu, dont nous sommes le Temple, comme l'Apostre enseigne dans la premiere Epistre aux Corinthiens, chapitre troisiesme.

Fɪɢ. 3 – La notion de « paramètre » par Mersenne.

Mais dès que l'on parle de modélisation, même en statistique, en dehors bien sûr du contexte tout différent de la logique mathématique, s'insinue le soupçon (ou l'affirmation bienvenue disent certains positivistes) d'une absence d'ontologie. Qui consiste en l'occurrence à penser que seule la taille du polynôme serait mesurée par les coefficients agissant comme des paramètres. Le paramètre d'une parabole en dit la taille, mais celle-ci seulement, c'est-à-dire ne détermine une parabole qu'à une similitude près. Or les coefficients quant à eux déterminent complètement le polynôme. Cette posture sur la modélisation est le genre même qui fait oublier Descartes dans le processus d'identification de deux séries chez de Moivre et ne le conduisait pas à chercher à préciser ce qu'étaient les séries. Puisque d'emblée nous avions indiqué que nous cherchions plus à propos de la méthode des coefficients indéterminés de Descartes, nous n'avons donc pas à nous inquiéter du sens particulier, empiriste, donné à la modélisation. Il est seulement un cache pour la création même de Descartes.

Néanmoins sérieuse est l'objection de trop être sensible à la rhétorique de l'inventeur, si nous détachons la méthode de ce sur quoi elle a porté. « L'objet » ne peut se dire seulement sous le nom de polynôme, auquel d'ailleurs la majorité des historiens ne prêtent guère attention particulière chez Descartes, en signalant une simple affaire de notation. C'est pour éviter cette erreur de *casting* que, dans le titre même du présent article, nous avons évoqué l'ontologie. Nous aurions pu mettre en jeu la constitution d'un « objet », quoique connaissant la réticence philosophique à parler d'une telle notion, puisqu'aujourd'hui il est préféré l'idée d'un réseau de relations fixant, peut-être provisoirement, un objet. Ce réseau, nous croyons pouvoir l'établir dans la détermination des coefficients au moyen d'équations linéaires, c'est-à-dire ce que nous avons qualifié d'analyse chez Descartes. L'étude de son texte va le confirmer. Nous n'adoptons donc pas la position épistémologique dite de Platon[51], dans la mesure où notre intérêt est canalisé par le rôle joué par la méthode des coefficients indéterminés dans l'obtention d'une forme que nous ne réduisons pas au seul mot « polynôme ». Conscient que cette forme put acquérir sa liberté propre en se détachant de la méthode qui la vit naître pour faire surgir une autre théorie, celle d'espace vectoriel, ou celle d'algèbre commutative avec la théorie des anneaux de polynômes, voire la rejoindre si l'on rappelle qu'avec des coefficients numériques la division des polynômes existait dans la tradition arabe et avait été reprise par Stevin[52]. Cette théorie des anneaux de polynômes a bien le « polynôme algébrique » pour objet. Par ailleurs, nous pouvons voir une séquelle du polynôme, mais je ne dis pas cette fois une postérité, dans la théorie des séries entières (ou encore formelles) déjà mentionnée, où l'algèbre en jeu n'a plus rien de polynomial en ce sens qu'elle est de type fonctionnel[53]. Si c'est cette suite que d'Alembert utilisa pour les équations différentielles, son propos ci-dessus rapporté ne touche, par les mots au moins, que la méthode de calcul, alors que l'essentiel est dans l'agencement ordonné des coefficients.

---

51   Une étude de type logique sur le problème de Platon a été récemment menée, mais elle ne me concerne pas directement ici, où la question est celle de la revendication d'un nouvel objet des mathématiques. Voir Marco Panza et Andrea Sereni, *Introduction à la philosophie des mathématiques. Le problème de Platon*, trad. de l'italien, éd. fr. Ronan de Calan, Champs, Flammarion, Paris, 2013.

52   Voir de Simon Stevin, *L'Arithmétique*, dans l'édition originale de 1585, ou son démembrement dans Simon Stevin, *Principal Works*, t. IIa et IIb.

53   L'apparition de la notion de fonction, disons dès la sortie de la théorie des logarithmes dans la deuxième décennie du XVIIᵉ siècle, reste illisible chez les commentateurs pour lesquels cette notion ne put être édifiée qu'une fois le calcul différentiel et intégral couramment adopté. Je maintiens qu'il y a une part de fonctionnel chez Stevin pour ses polynômes (sur le corps des rationnels), notamment pour le calcul d'approximations de racines, ce qui a pu donner naissance à l'idée de série entière. Cette dernière, présente très tôt chez Newton avec la série éponyme du binôme, ne doit alors rien à Descartes, sauf justement la méthode des coefficients indéterminés qui pourrait permettre de la démontrer. Ce dont Newton s'est gardé toute sa vie.

Puisque d'Alembert insistait tant sur le calcul, et jusque sous la forme d'une disposition particulière de ce dernier[54], comme bien souvent lorsqu'une méthode est nommée par ses effets et non simplement rapportée à un auteur (elle pourrait par exemple ici avoir été dite méthode de Descartes), il convient de peser la signification des mots utilisés, en songeant en particulier à des expressions attendues, mais qui ne s'y trouvent pas. L'article de l'*Encyclopédie* se trouvant à l'entrée « coefficient », ne devrait-on pas d'abord s'étonner que rien ne soit spécifié sur ceux-ci, réels ou complexes ? Puisque, nous l'avons rappelé, Descartes est crédité d'avoir établi la distinction des deux adjectifs. Pourquoi questionner le fait que le mot « polynôme » n'intervenait pas chez d'Alembert, mais celui de « quantité » puisque *de facto* il était envisagé[55] une série entière ? D'ailleurs, s'il était deux fois mentionné une « inconnue » chez d'Alembert, ce mot qui rappelle le vocabulaire algébrique de la théorie des équations désignait-il seulement dans son premier emploi la « quantité » que j'appelle « polynôme vectoriel » ? Dans l'exemple d'illustration donné juste après par d'Alembert lui-même, cette « quantité » se trouvait être un polynôme du second degré[56].

Avec ces études de postérité, notre façon de prendre la question du lien épistémologique entre une méthode et un objet mathématique identifié comme « polynôme fonctionnel », même si elle paraît d'abord éloignée des analyses philosophiques familières et toujours utiles sur Descartes, doit aller jusqu'à ce que d'Alembert niait paradoxalement, qui est l'indétermination des coefficients. Puisqu'il s'agissait tout au contraire de les déterminer, c'est-à-dire d'être assuré de pouvoir les calculer, sans craindre les difficultés d'équations de degré supérieur à un, qui font possiblement surgir des imaginaires. C'est ce que nous pouvons appeler la résolubilité, ainsi distinguée de la résolution. Il y a simple résolution pour la factorisation du quatrième degré, et d'ailleurs Descartes ne dit rien de plus, mais résolubilité pour la racine double, qui correspond jusqu'au sens propre à la réalisation d'une tangente. La

---

54   Voir Jean Dhombres, Positions et dispositions du calcul, Actes de l'Université d'été de Saint-Flour, *Le calcul sous toutes ses formes*, 2006, p. 53-88.

55   Nous avons reconnu qu'il n'était pas raisonnable d'inscrire une série entière dans la postérité cartésienne, comme étant juste un polynôme de degré infini, puisque c'est justement le degré fini qui fait, pour Descartes, sa singularisation de la méthode des coefficients indéterminés.

56   Voir plus loin l'exemple différentiel élémentaire traité par d'Alembert.

résolubilité est un aspect fondamental de tout ce qui porte le nom de méthode chez Descartes.

L'*Encyclopédie*, toujours sous la plume de d'Alembert, restait bien succincte en son entrée « Méthode » en ce qui concerne du moins les mathématiques : « La route que l'on doit suivre pour résoudre un problème[57]. » Si n'était pas énoncé un impératif sous la forme – « il faut suivre » –, l'article défini « la » induisait à penser que la « route » était unique. Chez Descartes, ce qui est unique (mais à n variables) est le polynôme unitaire de degré n, apparaissant comme un incontournable de sa postérité, alors que la méthode elle-même avait d'autres effets possibles, comme le commentateur de Descartes en 1730 l'indiquait suffisamment[58]. D'Alembert précisait toutefois que le mot méthode ne s'appliquait que lorsque plusieurs questions se trouvaient résolues par la même procédure. Ce qui serait une bonne lecture du commentaire « en passant » de Descartes ! Mais d'Alembert aboutissait à ce monstre épistémologique, pourtant familier, sous la qualification de « méthodes générales ». Comme la rhétorique les oppose aux « méthodes bornées », seuls les enseignants, et non les mathématiciens chercheurs, acceptent de présenter des méthodes qu'ils savent « bornées » : c'est au fond cela qui fait l'intérêt du programme d'une seule année scolaire, et le « polynôme vectoriel » peut y trouver sa place. Notre enquête sur l'objet « polynôme fonctionnel » ne peut éviter la question de la généralité voulue par Descartes pour la méthode des coefficients indéterminés, que nous distinguons ainsi de la question ontologique que nous n'aborderons qu'en dernier.

Nous pouvons revenir brièvement sur la modélisation en lisant le témoignage le plus direct possible sur la désignation par Newton de la méthode des coefficients indéterminés comme un outil majeur qui doit être « postulé ». Il le donna en octobre 1676 dans un message crypté « adressé » (si le mot est correct pour un code indéchiffrable) à Leibniz[59], et John Wallis le dévoila publiquement dix-sept ans plus tard, à l'occasion de la parution du volume III de ses *Œuvres mathématiques*. Nous donnons seulement la traduction.

---

57   Entrée méthode, pour les mathématiques ; repris dans *l'Encyclopédie méthodique*.
58   Claude Rabuel, *Commentaires sur la Géométrie de M. Descartes*, Marcellin Duplain, Lyon, 1730.
59   La transcription du message a été donnée par Newton lui-même dans son *Waste-Book*, et il l'envoya d'ailleurs à Leibniz dans une lettre du 16 octobre 1693.

> Une méthode consiste en l'extraction d'une quantité fluente à partir de l'équation qui implique en même temps la fluxion. Mais une autre, postulant une série pour toute quantité inconnue dont on pourra convenablement déduire le *et cætera* en collationnant tous les termes homogènes de ladite équation afin de rendre explicites les termes de la série postulée[60].

Wallis désigne la méthode qui consiste à remonter aux fluentes (l'analogue de la résolution des équations différentielles) comme plus élégante (*concinniore*) et la deuxième méthode, celle précisément des coefficients indéterminés avec les séries entières, comme plus universelle (*generaliore*). Cette généralité, qui nous étonne aujourd'hui où l'on ne lit qu'un cas particulier, correspond effectivement à ce que Wallis cherchait à prôner depuis son *Arithmetica infinitorum* de 1656. Il fallait en mathématiques travailler par induction, sans se soucier de preuve d'existence. Une série entière était donc le cadre *ad hoc* de la modélisation de l'idée de fonction. La différence avec Descartes dans le statut donné à ce qui est en jeu est notable.

LA LECTURE DU TEXTE DE DESCARTES ÉTABLIT QUE LA MÉTHODE DES COEFFICIENTS INDÉTERMINÉS EST RECONNAISSANCE EFFECTIVE QU'UN PROBLÈME EST RÉSOLUBLE

Comme exemple suffisamment explicite de la méthode, d'Alembert auquel nous revenons provisoirement, proposait la résolution d'une équation différentielle linéaire du premier ordre,

$$\frac{dy}{dx} + by = P$$

où P désigne un polynôme du second degré, et b est une constante réelle quelconque. L'inconnue, naturellement, est y, la fonction y en tant que fonction de la variable x. Sans aucunement s'intéresser à l'équation

---

60 John Wallis, de Algebra tractatus, *Opera mathematicorum Volumen alterum*, Oxford, 1693, p. 396.

homogène associée, il résolvait $Q'+bQ = P$ où un polynôme Q est posé *a priori* comme étant du second degré, avec des coefficients justement indéterminés, et c'est ce Q qu'il appelait « quantité ». Il conformait donc la solution selon un modèle. Il notait, en conservant de Descartes le fameux xx au lieu de la puissance d'ordre 2 : $Q = A+Bx+Cxx$

Comme la dérivation diminue d'un degré la puissance, le système linéaire à trois équations en A, B et C est triangulaire non dégénéré, donc résoluble, donnant A, B et C explicitement à partir des coefficients du polynôme connu P. Nous allons voir que cette résolution est exactement de même nature que celle que considérait Descartes lorsqu'il cherchait à mettre en facteur $(x-e)^2$ dans un polynôme donné R de degré 6, et comme le disait Duhamel à trouver une racine double d'un polynôme. Tout simplement parce qu'il s'agissait d'identifier le produit par $(x-e)^2$ d'un polynôme unitaire de degré 4, portant les quatre coefficients à calculer A, B, C et D, avec le polynôme donné R. Que le système en ces quatre inconnues soit résoluble, ou impossible, devrait *a priori* apparaître par ladite multiplication.

Nous pensons donc à l'exercice essentiel du présent article qui est d'extraire du long discours de Descartes ce qui concerne la méthode des coefficients indéterminés appliquée à la recherche d'une tangente. Nous partons d'une « équation » du sixième degré en y, la seconde équation écrit Descartes au livre II de la *Géométrie* à propos d'une courbe bien particulière dont la nature importe peu pour notre propos à laquelle il s'agit de construire une tangente[61]. Ce problème dit géométrique de la tangente à cette courbe phénoménale est réduit à celui, algébrique, de traduire par une forme l'existence d'une racine double.

Dans l'extrait ci-dessous[62] la disposition spatiale d'un polynôme en y saute aux yeux, et il faut aussi repérer des paramètres b, c, ou d, puis deux autres consonnes s et v que nous dirons inconnues pour rester en cohérence avec le vocabulaire de Descartes et ne pas utiliser trop vite la notion ultérieure de variable. Mais on voit entrer une autre voyelle, e, qui joue un rôle de variable réelle trop souvent passé sous silence et qui n'est pourtant pas une inconnue, et apparaissent enfin quatre lettres : f, g, h et k. Ces dernières sont les seules à jouer pour la méthode des coefficients

---

61 La construction d'une tangente à un cercle est un des morceaux de bravoure de toute description de la mathématique cartésienne. Voir Jullien, 1998, et l'édition récente de la *Géométrie* par André Warusfel.

62 Extrait de l'édition originale de 1637 de la *Géométrie* de Descartes, (p. 348). Se trouve dans les *Œuvres de Descartes*, au t. VI, p. 420.

indéterminés. L'expression écrite par Descartes « équation » n'implique pas l'égalité à zéro d'une forme algébrique : la forme polynomiale elle-même peut aussi bien être qualifiée d'équation. Néanmoins, la dernière phrase surprend et inquiète : il y a autant d'équations que d'inconnues, en tout cas que d'inconnues que l'on est obligé de supposer. L'inquiétude est celle de quiconque a fait un peu d'algèbre, et sait qu'une telle comptabilité, nombre d'équations et nombre d'inconnues, n'est jamais un critère de résolution, même avec des équations linéaires. Nous recensons donc les équations en jeu au nombre de six *a priori* qui correspondent à l'identification des deux polynômes unitaires du sixième degré. Cette identification du premier polynôme (le premier dans la citation de Descartes) avec le produit polynomial (produit de $y^2 - 2ey + e^2$ par le polynôme général unitaire du quatrième degré) est le cœur de la méthode, mais elle ne doit pas faire oublier l'écriture générale du polynôme du quatrième degré, où n'entrent que quatre coefficients, deux de moins que ce que dit Descartes.

$$\begin{array}{lllllll}
f & - & 2e & & & = & -2\ b \\
g^2 & - & 2ef & + & e^2 & = & -2\ cd + b^2 + d^2 \\
h^3 & - & 2cg^2 & + & e^2 f & = & 4\ bcd - 2d^2 v \\
k^4 & - & 2eh^3 & + & e^2 g^2 & = & -2\ b^2cd + c^2d^2 - d^2s^2 + d^2v^2 \\
 & - & 2ek^4 & + & e^2 h^3 & = & -2\ bc^2d^2 \\
 & & & & e^2 k^4 & = & b^2c^2d^2
\end{array}$$

Tout de mesme la seconde equation trouuée cy dessus, a sçauoir,

$$y^6 - 2by^5 \left.\begin{matrix} -2cd \\ +bb \\ +dd \end{matrix}\right\} y^4 \left.\begin{matrix} +4bcd \\ -2ddv \end{matrix}\right\} y^3 \left.\begin{matrix} -2bbcd \\ +ccdd \\ -ddss \\ +ddvv \end{matrix}\right\} yy - 2bccddy + bbccdd.$$

doit auoir mesme forme, que la somme qui se produist lorsqu'on multiplie $yy - 2ey + ee$ par

$y^4 + fy^3 + ggyy + h^3y + k^4$, qui est

$$y^6 \left.\begin{matrix} +f \\ -2e \end{matrix}\right\} y^5 \left.\begin{matrix} +gg \\ -2ef \\ +ee \end{matrix}\right\} y^4 \left.\begin{matrix} +h^3 \\ -2egg \\ +eef \end{matrix}\right\} y^3 \left.\begin{matrix} +k^4 \\ -2eh^3 \\ +eegg \end{matrix}\right\} yy \left.\begin{matrix} -2ek^4 \\ +eeh^3 \end{matrix}\right\} y + eek^4$$

de façon que de ces deux equations i'en tire six autres, qui seruent a connoistre les six quantités *f, g, h, k, v,* & *n.* D'où il est fort aysé a entendre, que de quelque genre, que puisse estre la ligne courbe proposée, il vient tousiours par cete façon de proceder autant d'equations, qu'on est obligé de supposer de quantités, qui sont inconnuës. Mais pour demesler par ordre ces equations,

FIG. 4 – Écriture générale du polynôme du quatrième degré par Descartes.

Se pose effectivement la question de savoir quelles sont vraiment les inconnues « qu'on est obligé de supposer ». Une première réponse serait de dire que ces inconnues sont les quatre coefficients, f, g^2, h^3 et k^4, que l'on qualifiera d'*indéterminés*, ceux qui font le polynôme général du quatrième degré. Descartes a prévenu cette pensée puisqu'il dit que le nombre des inconnues est 6, et non 4, correspondant aux 6 équations. Le lecteur doit effectivement se souvenir des quantités v et s, qui entrent dans la première équation écrite et qui ne suivent pas dans l'alphabet les b, c et d. Ces quantités v et s sont des inconnues, auxquelles viennent s'ajouter les quatre coefficients f, g^2, h^3 et k^4. Plane néanmoins un doute dans ce décompte sur le rôle de ce que je ne veux pas d'emblée appeler la variable e. Puisque justement c'est cette qualité de variable que la méthode est aussi chargée de faire comprendre, et que j'ai certainement exagérée en utilisant l'expression de « polynôme réel ». L'attitude de doute est celle souhaitée chez son lecteur par Descartes : il l'oblige à toujours être au clair des objectifs du calcul à un moment déterminé de ce calcul, précisément quant à la stratégie de l'ordre qui règle le calcul. Présentement, l'ordre est dans la vision de six inconnues parce qu'il y a six équations, et on oublie provisoirement e, car c'est une quantité connue.

Nous avons maintenu ci-dessus les six équations sous la forme donnée par Descartes pour faire prendre conscience qu'avoir choisi des puissances comme g^2, h^3 et k^4, est une aide dans la disposition des calculs, tout en obéissant à la loi des homogènes exprimée par Viète en 1591. On peut en effet vérifier qu'un terme n'est pas à sa place ! Argument *in absentia*, le visuel sert de repère du faux, dont la discrimination est jugée par Descartes comme essentielle. Mais nous pouvons user d'une autre abréviation, avec des majuscules $F = f$, $G = g^2$, $H = h^3$ et $K = k^4$, sans les membres de droite qui sont des constantes, pour visualiser un effet de forme sur F, G, H et K, qui est favorisé par notre habitude, aussi bien spatiale, des systèmes linéaires et des matrices. Car se « voit » le jeu en dégradé avec 1, 2 et 3 inconnues F, G, H, et K au plus dans le système à chaque ligne.

$$-2e + \text{F}$$
$$e^2 - 2e\text{F} + \text{G}$$
$$e^2\text{F} - 2e\text{G} + \text{H}$$
$$e^2\text{G} - 2e\text{H} + \text{K}$$
$$e^2\text{H} - 2e\text{K}$$
$$e^2\text{K}$$

Nous voulons lire cette forme chez Descartes, dont le texte se pour-suit par la prescription majeure : « démêler par ordre ». Un nouvel ordre commence en fait, celui donné par les seuls quatre coefficients. Nous pouvons arrêter ici notre lecture, car nous avons compris qu'un nouvel ordre intervient « pour demesler par ordre ces equations & trouuer enfin la quantité v, qui est la seule dont on a besoin, & a l'occasion de laquelle on cherche les autres ; il faut, premierement, par le second terme cher-cher f, la premiere des quantités inconnuës de la derniere somme[63]... ». L'ordre doit donc changer pour que la preuve se poursuive. Non pas la preuve de la méthode des tangentes toute entière, ni la preuve de la méthode des coefficients indéterminés reposant sur l'identification des coefficients des polynômes. Le stade de la preuve passe à l'ordre de résolubilité[64] des équations. La preuve est celle de Descartes avec la généralité indiquée de la résolution au-delà du sixième degré, qui est celui de l'équation de l'exemple, et qui comprend six équations que je numérote alors dans l'ordre d'apparition. Bref, c'est la forme qui domine, la forme sous laquelle un problème algébrique se présente pour pouvoir être résolu. Qu'il y ait une forme pour le système linéaire en F, G, H et K, n'est en aucun cas dû au hasard ; elle tient à la multipli-cation d'un polynôme par un polynôme de degré 2. Descartes ne le dit pas ici. Le lecteur moderne a tout de suite visualisé la méthode pour ces quatre coefficients, puisque ceux-ci apparaissent dans le système linéaire de six équations, en fait deux systèmes linéaires triangulaires inverses, soit une forme en accordéon. L'expression avec l'instrument de musique, familière aujourd'hui, est évidemment anachronique, l'algèbre

---

63 Le mot de « ligne » AP qui termine cette citation exigerait, pour être bien compris, de revenir à la signification de la première équation de degré 6 donnée par Descartes, à partir d'une courbe. Je n'en ai pas besoin pour la présente discussion, et c'est aussi pour cela que je coupe la citation.

64 Si le mot « résolubilité » n'est pas admis par des dictionnaires français, solvabilité étant préféré, je le préfère parce que faisant pair avec le mot résolution.

linéaire n'étant pas faite chez Descartes. On pourrait parler d'une forme croissante/décroissante, comme dans le célèbre poème Les Djinns des *Orientales* de Victor Hugo. À condition de voir que dans les équations à trois des quatre lettres *F, G, H* et *K*, n'interviennent ni l'inconnue *v*, ni l'inconnue *s* (à l'exception des membres de droite). Par contre la lettre *e* y est présente, pour le moment comme une constante ou donnée parmi d'autres. Sa présence à elle seule détermine pour nous la « nature » réelle des coefficients.

Aussi bien, revenant au texte de Descartes, il ne s'agit pas de la preuve d'une résolubilité de six équations à six inconnues, mais seulement de l'obtention des coefficients que l'on dit indéterminés, et que nous avons notés *F, G, H* et *K* pour mieux les traquer. La résolubilité pour les quatre coefficients est prouvée par un autre ordre possible des équations L'ordonnancement donne l'ordre des équations (1), puis (6), puis (2), puis (5). C'est un nouvel ordre. Il est pourtant dit contraint (« il faut » dit Descartes). Le calcul à proprement parler est guidé par une rhétorique de correspondance de deux ordres qui est plutôt un constat : l'ordre des quantités (les coefficients indéterminés), et l'ordre des équations tel que l'a déterminé la méthode d'identification des coefficients des puissances décroissantes. C'est aussi la façon choisie par Descartes pour faire apprendre le calcul algébrique. Car nous oublions trop que sa *Géométrie* ne suppose pas le lecteur familier de l'algèbre ; nous avons du mal à lire ce texte autrement qu'en y voyant du banal ; ce sort est celui de tous les mathématiciens trop bien assimilés par la postérité. L'ordre des puissances décroissantes ne « démêle » pas la résolubilité des équations. Celle-ci tient à la forme en accordéon des équations. La correspondance est d'abord langagière : par la pénultième équation, il faut chercher la pénultième quantité. Mais Descartes prend soin de casser cette apparence, puisqu'il indique qu'il faut « premièrement », par le « second terme », chercher la « première » des quantités de la « dernière somme ». Il ajoutera que par le « troisième terme » il faut chercher la « seconde quantité ». L'emploi du « il faut », et non pas « il est clair », ou « on voit », est une indication que le nouvel ordre, l'écriture des équations dans un ordre autre que celui provenant des puissances décroissantes, requiert un parcours algébrique de la forme des équations. Les équations résolubles d'abord, la (1) et la (6), puis les équations résolubles moyennant la résolubilité des précédentes, la (2) et la (5). On pourrait agir autrement, mais voilà un ordre possible : « il faudrait continuer, suivant ce même ordre, jusques à la dernière s'il y en avait davantage » en ce polynôme.

La question de généralité soulevée est de savoir si ce nouvel ordre des équations, ou cette forme en accordéon du système linéaire, suffit à la résolution particulière, en vue de la détermination des coefficients indéterminés, et ce indépendamment du degré de la forme polynomiale de départ. Descartes assure : « on peut toujours faire en même façon[65] ». Il a raison pour trouver les racines doubles. Omet-il de dire pourquoi ? Quitte à répéter, il importe de lire cette raison dans les mots de Descartes : intervient la forme du polynôme de degré 6 obtenu par multiplication du polynôme $y^2 - 2ey + e^2$ par le polynôme « feint[66] », ou général, $y^4 + fy^3 + g^2y^2 + h^3y + k^4$. Cette multiplication commençant par le polynôme de second degré, impose que pour chaque coefficient au plus trois des lettres f, g^2, h^3 et k^4, visualisées ici par F, G, H, K, interviendront linéairement, et qu'au début (première équation, degré 5 ou deuxième terme) comme à la fin (dernière équation, degré 0, troisième terme) une seule des lettres interviendra. Puis pour la deuxième équation (degré 4, troisième terme) comme l'avant dernière équation (degré 1, sixième terme), deux seulement des lettres seront liées. La forme de l'ensemble des équations dit la résolubilité.

Reste que l'objectif devient la détermination de v. Il ne faudrait pas changer d'ordre, semble dire Descartes qui, maintenant écrit un « Puis » ; et il fait intervenir le terme suivant, c'est-à-dire le terme du polynôme correspondant au degré 3 et qui est donc le quatrième terme. « Puis, par le terme qui suit en ce même ordre, qui ici est le quatrième[67] ». Le terme « suivant » considéré ne dépend pas de la double cascade déterminant les coefficients f, g^2, h^3 et k^4. L'ordre est à nouveau celui d'une résolubilité, mais pour une nouvelle inconnue, non pas les coefficients indéterminés (leur cas est réglé), mais l'inconnue du problème, à savoir v. Il faut en effet prendre l'équation dont le second membre est linéaire

---

65 *La Géométrie*, p. 421, et ici dans la citation fournie.

66 L'expression d'équation « feinte » est de Claude Rabuel dans son *Commentaire à la Géométrie de Descartes*.

67 L'expression « dernière » désigne le polynôme unitaire de degré 4, celui avec les coefficients indéterminés ; l'expression « premièrement » désigne l'ordre de résolubilité, et elle conduit à considérer le premier coefficient indéterminé f de polynôme de degré 4 qui provient du deuxième terme (degré 5).

en v, compte tenu de l'équation de départ du problème de la tangente, l'équation polynomiale par laquelle a débuté l'extrait choisi de Descartes. Constatons enfin que n'est pas considérée la dernière équation, en fait l'équation écrite en quatrième, qui correspond au 5eme terme, ou au degré 2. Ce qui fait désordre, car *a priori* il pourrait y avoir une impossibilité. Sauf que le membre avec s n'intervient qu'une fois.

S'il y a une rhétorique fallacieuse de l'ordre dans cet extrait de la *Géométrie* de Descartes, on la trouve juste ici, avec cet ordre passant de la résolubilité des coefficients indéterminés à celle de l'inconnue v. Comme s'il s'agissait du même ordre ! Par contre, la rhétorique de l'ordre avec premier/dernier, etc., par son décalage, indique bien les attentions à prendre, et la non automaticité du calcul. Il est prévisible si l'on ordonne convenablement.

C'est pourtant là que la méthode de Descartes manque sa preuve générale. Avec la possibilité même d'écrire une courbe algébrique $P(x,y) = 0$ sous la forme résolue $y = f(x)$. « On ne laisse pas de pouvoir toujours avoir une telle équation » annonçait-il quelques pages plus tôt[68]. Cette affirmation est fausse. Le calcul différentiel seul montre qu'il est possible, et seulement localement, d'exprimer $y = f(x)$, à condition d'accepter pour f, non pas un polynôme, mais une série entière. Tel sera l'enjeu de la formule de Taylor-Young[69]. Le succès de la méthode polynomiale de Descartes n'est pas garanti pour toutes les courbes algébriques auxquelles pourtant il se limite. Et ce n'est pas seulement une question de complication, car telle est la nature même des courbes algébriques qu'il croyait suffisamment simple mais qui possède, par certains côtés, le même aspect non fini des courbes transcendantes, ou mécaniques dirait Descartes. Il ne peut donc raisonner que sur des exemples. Des commentateurs algébristes se contentent de dire que la théorie algébrique de l'élimination à la Bézout règle tout : il serait bizarre de penser que ce soit la pensée de Descartes.

---

68 *Géométrie*, p. 416.
69 Cette formule donne l'écriture $f(x+a) = f(x) + af'(x) + (a^2/2\,!)f''(x)) + \ldots + (a^n/n\,!)f^n(x)) + \ldots$, pour une fonction f suffisamment régulière, qui a finalement détrôné la formule du binôme de sa place centrale en analyse algébrique deuxième manière.

SI LA MÉTHODE DE JAN HUDDE TERMINE
AVEC ÉLÉGANCE LE TRAVAIL DE DESCARTES,
ELLE NE LUI FAIT AUCUNE POSTÉRITÉ

Descartes sait la limite logique de l'exercice. Il va néanmoins sortir deux généralités de sa démarche sur le problème des tangentes. La première déjà dite est relative à l'ordre : c'est l'écriture polynomiale générale suivant les puissances décroissantes avec des coefficients généraux. La seconde généralité, liée à la précédente, tient à ce *e* qui intervient dans toutes les relations donnant les coefficients indéterminés. La signification de *e* est d'être un nombre réel quelconque : une abscisse. Par laquelle est ainsi fixé le point courant sur la courbe en lequel on veut calculer une tangente. Mais c'est aussi une variable d'algèbre qui peut être mise à la place de *y*, précisément par la mise en facteur du carré de (*y-e*). On passe de la lettre algébrique muette du polynôme à la valeur réelle de la géométrie des courbes. Autrement dit le polynôme prend valeur fonctionnelle sous la forme d'un changement de variables. Les théorisations ultérieures de ce changement seront doubles. D'une part, par le fait d'Euler, ce sera un jeu géométrique normal sur les courbes par changement de repère pour avoir un sens intrinsèque des divisions en classes, par exemple concevoir la famille des paraboles par la seule équation à un seul coefficient ou paramètre *p*, comme $y^2 = 2px$. D'autre part, par le fait de mathématiciens comme Cramer ou Bézout, ce sera un phénomène algébrique. Nous avons préféré indiquer une troisième voie, en attribuant à ce changement une nature fonctionnelle. Mais pour effectuer ce passage il a d'abord fallu montrer la résolubilité d'un système linéaire sur le corps des réels : les relations écrites pour *F, G, H* et *K* ne font intervenir aucune « imaginaire ». Le calcul de Descartes s'inscrira plus tard dans un domaine portant le nom de géométrie : la géométrie analytique. Pour autant, Descartes n'aurait rien fait s'il n'avait pas un polynôme dont je ne qualifierai plus la nature, sauf à dire qu'elle ne relève pas de la géométrie. Il y a ainsi deux constats. D'une part, il ne fait plus de doute que les coefficients d'un polynôme ne soient pas des nombres réels, et pas seulement des rationnels. L'ontologie du réel est passée au polynôme par la réalité analytique d'une courbe, la courbe tient lieu de forme phénoménale sans seulement être une représentation ou une traduction en une autre langue. Tel est bien notre parti dans cet article bénéficiant des diverses postérités d'une seule méthode. Nous contredisons bien sûr d'autres postérités, quelquefois bien ambiguës, comme celle qui consiste à se contenter du nom de Descartes auquel est accolé une étiquette générale, géométrique, analytique, ou algébrique. Notre rigueur, celle qui me fait adopter le « polynôme fonctionnel » et non la fonction polynomiale, ne prétend nullement dire Descartes tout entier ; elle a l'avantage de montrer le peu de pertinence d'affirmations sur l'application de la géométrie à l'algèbre ou *vice versa*. La conséquence cependant ne peut pas être, ici du moins, d'avoir jusqu'au « polynôme réel ». D'autres indices dans la *Géométrie* peuvent conduire à cette notion, mais pas la méthode des coefficients indéterminés à laquelle nous nous attachons spécialement. D'autre part, il y a eu la substitution de la variable *y* en *e*, une conversion qui est partie prenante de la méthode de calcul, et qui génère précisément le « polynôme fonctionnel ». Ceci dit il nous faut passer à ce qui est rarement dit comme postérité de Descartes, la règle de Hudde.

Le mathématicien aussi bien que l'historien reste désarçonné par les contributions mathématiques de Jan Hudde qui furent consignées dans deux lettres publiées par Frans van Schooten et viennent en dernière partie du premier volume de la seconde édition latine de la *Géométrie* de Descartes de 1659, en fait juste avant une courte lettre de van Heuraet sur la transmutation des courbes[70]. Une règle y est énoncée pour trouver les racines au moins doubles des polynômes, et d'ailleurs prouvée de façon purement algébrique ; cette règle est très simple d'emploi, astucieuse en diable et formellement à peu de choses près, ce que le calcul différentiel allait permettre moins de quinze années plus tard dans le cas bien plus général de courbes non nécessairement polynomiales, aussi bien pour le calcul des tangentes que pour le calcul des valeurs extrêmes (question *de maximis et de minimis*). Ce ne sera certes publiquement reconnu qu'en 1696, puisque le marquis de L'Hôpital fera de cette question son chapitre X et dernier de l'*Analyse des infiniment petits*[71]. L'étonnement

---

70 Johannis Huddenii Epistola duæ, quarum altera de Aequationum reductione, et altera de Maximis et Minimi agit, in *Geometria à Renato Des Cartes...*, Ludovicum & Danielem Elzevirios, Amsterdam, 1659 (p. 401 à 516).

71 Section X, Nouvelle maniére de se servir du calcul des differences dans les courbes geometriques, d'où l'on déduit la méthode de Mrs Descartes & Hudde, in *Analyse des*

tient à ce qu'aujourd'hui, quoique mentionnée quelquefois, personne ne s'intéresse plus à la règle de Hudde, et que bien peu d'articles en donnent la démonstration, malgré sa simplicité. Du moins une fois comprise et validée la méthode des coefficients indéterminés de Descartes. Ainsi une indéniable réussite inscrite dans la postérité naturelle de Descartes est passée aux oubliettes ! Et, contrairement aux indivisibles, ce n'est pas parce qu'il y eut un doute sur la légitimité de la règle : l'obsolescence de la règle de Hudde tient à la rapidité de la révolution différentielle et intégrale. Et l'on ne peut pas dire que Hudde ait enfermé sa règle dans un cadre algébrique, même si l'algèbre seule intervient, puisqu'il établit clairement l'usage de sa règle pour les questions *de maximis et de minimis* ou pour les tangentes, et la fait valoir jusque pour des fractions rationnelles.

Hudde lui-même a travaillé en deux temps bien distincts, et c'est seulement dans sa deuxième lettre à van Schooten, datée du 6 février 1658, qu'il donne la preuve de la règle, en précisant que cette fois il a vraiment trouvé quelque chose de simple (*eam breviter describere conabor*) pour ce qu'il considère comme relevant du calcul *de maximis et de minimis*. Hudde énonce donc à nouveau la règle dès le début de sa seconde lettre, et voici une traduction.

> Si, dans une équation deux racines sont égales, et qu'on la multiplie par une progression arithmétique librement choisie, de sorte que l'on multiplie le premier terme de l'équation par le premier terme de la progression, le second terme de l'équation par le second terme de la progression, et ainsi de suite, je dis que le produit sera une équation dans laquelle on retrouvera ladite racine[72].

Dans la lettre précédente de 1657, Hudde avait déjà montré comment procéder sur un exemple. Il s'intéressait au polynôme $x^4 - 6x^2 + 8x + 3$, dont il recherchait une racine multiple. Son écriture était précisément celle très ordonnée de Descartes par puissances décroissantes, et l'importante écriture d'un * pour indiquer un terme manquant, une sorte de zéro dans l'algèbre des coefficients des polynômes. Le choix est pris de multiplier par la progression arithmétique à cinq termes 0, 1, 2, 3, 4, soit un terme de plus que le degré du polynôme de départ. Ce qui donne[73] :

---

infiniment petits, pour l'intelligence des lignes courbes, Imprimerie royale, Paris, 1696, p. 164 et suivantes.

72 2ᵉ lettre de Jan Hudde, *op. cit.*, p. 507.

73 1ʳᵉ lettre de Jan Hudde, *op. cit.*, p. 435.

Exempli gratiâ, detur hæc æquatio $x^4 * - 6xx + 8x - 3 \infty 0$, habens 3 æquales radices.

Primò multiplico eam per 0. 1. 2. 3. 4

& fit $- 12 xx + 24x - 12 \infty 0$.

FIG. 5 – Écriture du polynôme par Hudde.

Hudde a pris soin d'écrire la nullité du polynôme de départ, et d'écrire du coup selon sa règle la nullité du polynôme obtenu par multiplication terme à terme de tous les degrés par la progression arithmétique. Mais comme il soupçonne une racine d'ordre trois, il répète le procédé sur le nouveau polynôme de degré 2, cette fois avec la progression arithmétique à trois termes 0, 1, 2. On remarque encore le jeu sur ce zéro de départ. Soit

Hoc productum iterum multiplico per 0. 1. 2

& provenit $14x - 14 \infty 0$.

FIG. 6 – Écriture du polynôme par Hudde.

Dans sa première lettre, il en déduisait que le plus grand commun diviseur des deux derniers polynômes était $x-1$, donc que la racine $x = 1$ était d'ordre trois pour le polynôme de départ. Dans sa seconde lettre, il n'est plus besoin de faire appel à cette théorie polynomiale toute nouvelle du *pgcd* qu'il avait développée dans sa première et longue lettre reproduite par van Schooten, mais simplement de directement voir que $x = 1$ est racine du dernier polynôme obtenu, donc racine aussi de l'avant dernier et encore du polynôme de départ à l'ordre trois.

Sur un exemple certes, Hudde fait suivre la démonstration, évidemment conçue comme générale selon cette manière où l'on n'a pas la possibilité de noter un polynôme en général faute d'indices. En fait, Hudde fait une simple remarque combinatoire sous forme de tableau, à partir du fait que dans la méthode de Descartes pour une racine a d'ordre 2 d'un polynôme réel, le jeu consiste à multiplier par un polynôme de degré 2, à savoir $x^2 - 2ax + a^2$. Or Hudde note la succession des coefficients : 1, -2, 1. Si donc on multiplie terme à terme par une progression arithmétique quelconque, quoique pour Hudde il faille considérer deux cas selon la croissance ou la décroissance de la progression, on doit nécessairement avoir une nullité sur la somme des coefficients considérés[74] :

```
Nam
Mult.+1 ,    — 2 ,    + 1        Mult.+ 1 ,    — 1 ,    + 1
  per    a,    a+b,    a+²b        per    a,    a— b,    a—²b
  fit    a,—²a—²b, +a+²b          fit    a,—²a+²b,    a—²b
  feu +²a—²a,+²b—²b ∞o.           feu 2a—²a,+²b—²b ∞ o.
```

Telle est la seule remarque vraiment nécessaire à la preuve de la règle, avec ce jeu à trois coefficients seulement, alors même qu'est évoquée une progression arithmétique prise à volonté. Puisque l'explication ne sera guère reproduite après cette intervention de Hudde, on aurait là un exemple assez rare en mathématiques d'une presque évidence *a priori* cachée par la généralité de l'énoncé (« toute » progression arithmétique). Naturellement il faut avoir devant les yeux la voie empruntée par Descartes pour établir une racine double d'un polynôme réel, celle des coefficients indéterminés. Descartes la choisit avec un polynôme du sixième degré comme on a vu précédemment. On peut ici, malgré l'anachronisme pour la notation, la suivre sur un polynôme réel quelconque.

Donc Descartes avait montré que pour un polynôme réel $P(x)$ de degré n et qui possède une racine réelle a d'ordre au moins 2, on peut calculer des coefficients réels q_k, où l'indice k varie entre 0 et n, de telle sorte que

$$P(x) = (x^2 - 2ax + a^2) \sum_{k=0}^{k-n-2} q_k x^{n-2-k}$$

Pour déterminer a, Hudde propose de multiplier chaque coefficient de P par le terme correspondant pour l'ordre d'une progression arithmétique que l'on se donne *a priori*, et ayant $n+1$ termes. On obtient ainsi un polynôme $P_H(x)$ de degré au plus n, qui est le degré de P. La règle, ou plutôt le théorème de Hudde, dit que a annule aussi bien P que P_H.

Pour l'établir, on est d'abord bloqué par la présence d'une multiplication sur $n+1$ termes à partir de la progression arithmétique, alors que

74 Hudde note les coefficients en les mettant en exposant devant la lettre. C'est une suite au travail de spatialisation des écritures de Descartes.

ce qui intervient objectivement est le seul trinôme à trois termes, carré de *x-a*. Justement, la remarque donnée ci-dessus de Hudde insiste sur le fait qu'il n'y a qu'à considérer trois termes successifs. Ce qui revient à écrire *P(x)* sous une forme qui fait intervenir trois termes de puissances successives :

$$P(x) = \sum_{k=0}^{k-n-2} (q_k x^{n-k} = 2aq_k x^{n-1-k} + a^2 q_k x^{n-2-k})$$

Par conséquent, le polynôme $P_H(x)$ s'obtient en multipliant ces trois termes par les trois termes d'une progression géométrique qu'il est loisible de noter :

$$\alpha_k, \alpha_k + \beta_k, \alpha_k + 2\beta_k$$

Ce qui est une façon de tronquer la progression arithmétique à *n+1* termes trois par trois. Dès lors on aura le polynôme associé de Hudde selon l'écriture :

$$P_H(x) = \sum_{k=0}^{k=n-2} (\alpha_k q_k x^{n-k} = 2a(\alpha_k + \beta_k)q_k x^{n-1-k} + \alpha^2(\alpha_k + 2\beta_k)q_k x^{n-2-k})$$

Précisément si l'on fait *x = a*, chaque groupe de trois termes sous le signe somme est nul : c'est précisément ce que Hudde a pris soin de montrer à l'avance.

$$a\alpha_k a^{n-k} = 2a(\alpha_k + \beta_k)q_k a^{n-1-k} + a^2(\alpha_k + 2\beta_k)q_k a^{n-2-k} = 0$$

A fortiori la somme est nulle, et donc, comme *P(a) = 0*, on a aussi : $P_H(a) = 0$. Le passage de *P* à P_H est effectivement un algorithme.

En bref, Hudde a prolongé la voie de Descartes pour les racines doubles au moyen d'un calcul automatique. Alors que Descartes avait à prouver que sa méthode permettait de fait de calculer les coefficients q_k, sans faire intervenir des imaginaires, donc avait fourni une onto-logie, Hudde pouvait inventer un calcul automatique, l'association au polynôme *P* du polynôme P_H, polynôme de Hudde, moyennant le choix d'une progression arithmétique à *n+1* termes, *n* étant le degré effectif du polynôme P. Et donc obtenir en plus de l'équation $P(a) = 0$, l'équation $P_H(a) = 0$. Ou encore si on veut parler le vocabulaire de l'élimination algébrique trouver la condition pour que P et P_H aient une racine commune. Soit, si l'on dispose de la théorie de la division polynomiale que Hudde avait décrite dans sa première lettre, trouver les racines du *pgcd* de P et P_H.

On est jusqu'ici resté sur le problème d'une racine double. Alors que chez Descartes, comme chez Hudde, ce passage n'est fait qu'en vue d'un autre problème, celui de la tangente à une courbe, ou chez Hudde, celui d'un problème *de maximis et de minimis*. Chez les deux auteurs en tout cas, l'objet polynomial est utilisé sous une forme qui touche au fonctionnel, particulièrement pour le problème *de maximis et de minimis*. En ce qu'il est minimisée ou maximisée localement la valeur de *P*, et donc visualisé, mais il n'est pas dessiné, le graphe de la fonction polynomiale représentée dans un repère orthogonal, et on cherche les tangentes horizontales. Le discours de Hudde est un peu plus fonctionnel, mettant en évidence une seule variable, alors que Descartes pense aux courbes algébriques. On le lit sur les exemples[75].

Et Hudde passe justement au cas où l'on n'a pas un polynôme comme fonction, mais une fraction rationnelle, le quotient de deux polynômes. Nous ne le suivrons pas dans ce processus, forcément un peu compliqué, mais qui dépend essentiellement de la règle. Ce qui ne l'empêche pas de passer au cas d'une courbe algébrique, et à leurs tangentes horizontales, mais aussi verticales[76]. Comme l'avait fait Descartes avec les roulettes généralisées, mais d'une manière cinématique. De façon vraiment extraordinaire, car inattendue, Hudde indique qu'il suffit, dans ce qui serait l'équation polynomiale cartésienne de la courbe en *x* et en *y*, de considérer *y* comme une constante, avec *x* comme seule variable (ou bien sûr l'inverse en échangeant *x* et *y*). Ce vocabulaire de variable n'est pas celui de Hudde, qui maintient le langage algébrique des inconnues,

---

75   2ᵉ lettre de Jan Hudde, *op. cit.*, p. 510.
76   L'exemple du folium de Descartes, d'équation $x^3 + y^3 - 3xy = 0$, se traite facilement sous la forme ordonnée de Descartes en *x*, mais y constante, $x^3 + * - 3xy + y^3 = 0$, à partir de la progression 3, 2, 1 et 0 pour justement faire disparaître le terme dit constant en cube de *y*. On obtient aisément $x^2 = y$, et donc soit $x = 0$, soit la racine cubique de 2 pour les valeurs de *x* correspondant à une tangente horizontale. On est bien proche du calcul par la méthode différentielle.

quoique parlant de « quantités inconnues », et au moins figure le mot
« constante », qui est si peu vraisemblable si l'on pense en termes
seulement algébriques, et permet donc une optique fonctionnelle. De
la même façon, la liberté du choix de la progression arithmétique, et
donc d'un zéro pour celle-ci lui permet d'éliminer la valeur même du
polynôme là où il faut calculer une valeur extrême[77].

Après cette reconnaissance du « polynôme fonctionnel » qui n'a pourtant pas de postérité bien définie, il ne me reste qu'à gloser sur la raison
pour laquelle je peux parler d'un être et d'une ontologie. Pourtant, je
passe encore par le détour d'une autre postérité.

UNE POSTÉRITÉ ONTOLOGIQUE DE LA MÉTHODE
EN GÉOMÉTRIE DIFFÉRENTIELLE

C'est la théorie du contact qui, presqu'un siècle après d'Alembert, put
procurer les formules du trièdre mobile de Serret-Frenet sur les courbes
dans l'espace. Ce qui créa la géométrie différentielle des courbes. Il s'agissait
d'un prolongement de la méthode des tangentes. Mais il y a plus, qui tient
à l'extension du rôle de e dans le calcul mené par Descartes. Je donne ici
la présentation par Laplace que je prends au vol dans une de ses leçons à
l'École normale en 1795. Car elle suffit à faire comprendre pourquoi la voie
analytique des coefficients indéterminés permet de générer les concepts
spatiaux intrinsèques de la courbe, la courbure ou la torsion, à juste titre
dits géométriques au sens où ils sont indépendants du repérage, quoique
trouvés dans des repérages particuliers puisque le e indique un changement
de repère (de variable dans ce cas précis). Ces concepts sont inséparables
de la méthode cartésienne qui ainsi se distingue radicalement d'un calcul
réducteur de la réalité. Car ce calcul concerne l'étendue et les corps en
tant que phénomènes intelligibles de la réalité sensible mais aussi en tant
qu'inventions au double sens du mot, découverte et exhibition de l'être
« courbe ». Sans le calcul il n'y aurait pas de courbure, ce qui n'empêche
pas, bien sûr, la géométrie de se l'approprier sous la rubrique de géométrie
différentielle. L'algébriste actuel parle de construction d'une discipline car

---

77   2ᵉ lettre de Jan Hudde, *op. cit.*, p. 513.

il la voit se détacher de son propre champ, sinon de son propre camp. Le
géomètre actuel voit dans la géométrie différentielle le développement
naturel du geste cartésien, un peu à la manière dont Husserl parlait de
la géométrie comme création d'un seul, puis venue à émergence dans la
conscience générale.

Laplace en tout cas fait une différence entre la méthode des coefficients
indéterminés que Descartes avait distinguée et qui s'étend formellement
des polynômes aux séries entières, et l'obtention même d'une telle
série entière, pour laquelle les coefficients loin d'être quelconques, sont
liés entre eux par une suite ordonnée selon la manière de la pensée de
Descartes. Mais il ne l'avait pas prévue. Il s'agit de la seule équation
de dérivation à une factorielle près. C'est la « série ascendante » dans la
citation ci-dessous. Descartes ne la connaissait pas, de Moivre et Jones
voulaient l'ignorer. Le vocabulaire a changé drastiquement en 1795 : par
cette formule de Taylor, la fonction englobe désormais le polynôme, qui
passe de « polynôme fonctionnel » à fonction polynomiale. La première
étape n'en est pas moins celle qui approfondit le jeu de la variable e chez
Descartes, explicitant le repère mobile qui fait passer des variables x et
y aux variables x' et y', à la façon dont avec e on passait à y[78].

La conséquence de l'expression de y en série ascendante, sert à déterminer la
courbe d'une nature donnée qui coïncide avec la proposée, dans un de ses
points quelconques, et que l'on nomme *courbe osculatrice*. x et y étant les deux
coordonnées du point, changeons dans l'équation de la courbe x dans $x + x'$, et
y dans $y + y'$; les termes indépendantes de x' et de y' disparaîtront par la nature
de l'équation et l'on aura une nouvelle équation entre x' et y' d'où l'on tirera,
pour y', une expression en série de cette forme : $y' = Ax' + Bx'^2 + Cx'^3 +$, etc.
A, B, C, etc. étant des fonctions connues de x et de y. On représentera ensuite,
de la manière la plus générale, l'équation de la courbe osculatrice, en supposant
que ses coordonnées soient $x + x'$, et $y + y'$, et que les constantes arbitraires dont
elle dépend soient des fonctions de x et de y, qu'il s'agit de déterminer. Alors,
en réduisant cette équation dans une série ordonnée, par rapport aux puissances
et aux produits de x' et de y', elle deviendra de cette forme :

$$0 = H + Lx' + My' + Nx'^2 + Px'y' + Qy'^2 + \text{etc.}$$

H, L, L, N, etc. étant des fonctions connues de x, y et des arbitraires de la
courbe osculatrice.

---

78   Huitième leçon de Laplace du 10 avril 1795, in *Une école révolutionnaire en l'an III, Leçons
de mathématiques, Lagrange, Monge, Laplace*, Paris, Dunod, 1992, p. 11.

Le calcul d'identification qui vient ensuite est celui de la méthode des coefficients indéterminés, suivi sans hiatus par l'interprétation de l'osculation générale, ou contact d'ordre 2, là où Descartes se contentait de mener des cercles à l'ordre algébrique 1 qui est l'ordre de la tangente. On l'accuse de lourdeur parce qu'il aurait pu se contenter de prendre une droite comme Florimond de Beaune le montrera. Mais aurait-il pu, en ce cas simplifié, faire saisir l'intérêt de la méthode des coefficients indéterminés ?

> Le point de la courbe proposée, déterminé par les coordonnées x et y devant appartenir à la courbe osculatrice, on a d'abord $H = 0$, et par conséquent
> $$0 = Lx' + My' + Nx'^2 + \text{etc.} ;$$
> d'où l'on tire pour y', une expression de cette forme,
> $$y' = Rx' + Sx'^2 + \text{etc.},$$
> R, S, etc. étant des fonctions de x, y et des arbitraires de la courbe osculatrice. Maintenant, si le nombre de ces arbitraires est i, on pourra faire coïncider les $i - 1$, premiers termes de cette série, avec les $i - 1$, premiers termes de l'expression de y' relative à la courbe proposée ; on aura alors, pour déterminer les i arbitraires, les i équations, $H = 0$, $A = R$, $B = S$, etc. L'ordonnée y' de la courbe osculatrice ayant le plus grand nombre de termes qu'il est possible, communs avec ceux de l'ordonnée y' de la courbe proposée ; il est évident qu'elle est de toutes les courbes de la même nature, celle qui approche le plus de coïncider avec la proposée, à l'origine des x'.

Laplace envisage finalement le rôle du calcul différentiel pour l'établissement non seulement des séries entières mais des fonctions, donc la formule de Taylor-Young déjà présentée, et dont s'étaient passés Abraham de Moivre ou William Jones. Contrairement à Descartes, il y a défaut d'ontologie, et il se trouve dans l'identification non discutée (et fausse en toute généralité) entre la notion de fonction envisagée comme correspondance mal précisée entre deux variables et cette formule de Taylor.

> Vous verrez dans la suite que tout l'art du calcul différentiel consiste à former d'une manière générale et simple, les termes des séries dont je viens de parler, et à exprimer, au moyen d'un caractère particulier, la loi suivant laquelle ils dépendent de la variable y, considérée comme fonction de x, en sorte que cette loi puisse entrer dans les expressions et dans les équations, indépendamment de la connaissance de y en fonction de x ; vous verrez encore que l'objet du calcul intégral est de remonter de ces équations à la valeur même de la fonction y.

D'où :

> La solution du problème précédent embrasse tout ce qui concerne les tangentes et les rayons de courbure : car il est clair qu'il suffit d'y supposer que la ligne osculatrice est une droite ou un cercle. Représentons par $y = b(x + a)$, l'équation de la tangente, $x + a$ sera la sous-tangente et l'on aura $x + a = y/b$; si l'on change x dans $x + x'$, et $y + y'$, on aura $y' = bx'$. En comparant cette expression de y' avec celle-ci $y' = Ax' + Bx'^2 +$ etc., relative à la courbe proposée, on aura $b = A$, et par conséquent la sous-tangente est égale à y/A.

Laplace revient à la courbe et donne le calcul non seulement de la tangente mais aussi du rayon de courbure. C'était une première dans le monde éducatif que cette présentation à un public somme toute général, et une magnifique extension de la méthode des coefficients indéterminés. On pourrait conclure avec Laplace que la courbure trouve son ontologie dans le calcul des coefficients indéterminés. Mais on risque de penser que l'expression ultérieure de géométrie différentielle implique elle aussi que l'ontologie réside dans le calcul différentiel, et non dans la méthode des coefficients indéterminés. Nous nous devons encore de prendre un exemple antérieur à cette géométrie différentielle pour contenir ce qui pourrait paraître comme trop commandé par l'admiration pour la méthode cartésienne, mais surtout pour vérifier le lieu même du calcul différentiel.

UN EMPLOI À CONTRE TEMPS PAR TSCHIRNHAUS EN CALCUL INTÉGRAL ET LA CORRECTION DE LEIBNIZ

Une discussion avait eu lieu bien plus tôt entre Ehrenfried Walther von Tschirnhaus et Gottfried Wilhelm Leibniz à propos de la méthode des coefficients indéterminés : il s'agissait, une courbe algébrique étant donnée par son équation cartésienne, précisément l'égalité à zéro d'un polynôme en x et y, soit de trouver une courbe algébrique qui serait la quadrature de celle-ci, soit d'en dire l'impossibilité en ces termes algébriques. Le dessin de Tschirnhaus[79], publié en octobre 1683 dans les

---

79 Methodus datae figurae, rectis lineis & curva geometrica terminatae, aut quadraturam, aut impossibilitatem ejusdem Quadraturae determinandi, *Acta Eruditorum*, octobre 1683, p. 433.

Acta Eruditorum, donc avant la première indication publique du calcul différentiel et intégral par Leibniz un an plus tard, explicite le sens de la quadrature. La courbe *AHD* étant donnée (dans la partie droite d'un repère orthogonal dessiné), repérée par la variable *x* non notée mais suggérée par l'autre variable *y* dûment exprimée sur la figure, on doit trouver la courbe *AFB* (repérée cette fois par *z*, et encore dans un repère orthogonal, distingué du précédent quoique pensé identique) de sorte que l'aire du triangle curviligne *AFG* vaille l'aire du rectangle *AGHI*. Si l'on exprime par des fonctions d'une seule variable, comme *y*= *f(x)* et *z*= *g(x)*, il est insuffisant de se contenter d'écrire l'équation intégrale de moyenne :

$$xf(x) = \int_0^x g(t)dt$$

Puisque l'on ne tient pas compte de l'algébricité requise, tant de la courbe de départ que de la courbe cherchée. C'est cette algébricité que Tschirnhaus a ignorée, tellement hanté par la découverte de l'algorithme du Calcul par Leibniz. Voici la figure de l'article de Tschirnhaus dans les *Acta eruditorum* de 1683, un an avant la sortie publique du Calcul par Leibniz dans la même revue.

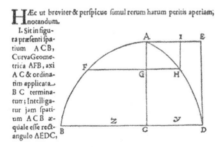

Fig. 7 – Dessin de la quadrature par Tschirnhaus.

Dans une lettre antérieure d'au moins quatre années, Leibniz avait pourtant décrit l'utilisation de la méthode des coefficients indéterminés pour résoudre la question. Il écrivait à son ami Tschirnhaus rencontré à Paris à l'automne 1675 au cours duquel Leibniz achevait sa première

conception du Calcul, et le sermonnait de ne pas se souvenir de la pré-
caution algébrique.

> Ainsi, par un calcul de quelques heures, nous aurons une règle générale pour
> la quadrature dans le mode algébrique d'une courbe algébrique quelconque.
> Et n'oublie pas que je t'ai enseigné ces choses à Paris, mais je vois que tu n'y
> as pas prêté attention[80].

L'explication de Leibniz cherche délibérément une courbe algébrique
quelconque, où le etc. n'est cependant pas l'indication d'une somme
infinie, les « lettres » a, b, c, etc., étant les inconnues[81]. C'est un polynôme, cette fois à deux variables y et x.

$$(1) \quad 0 = a+bx+ \; cy+dxy+exx+fyy+ \; \text{etc.}$$

Il s'agit de le déterminer à partir d'autres coefficients m, n, p, etc.,
pour la courbe réalisant la quadrature (*id est quaeritur curva summatrix*)
en z et le même x désignant l'abscisse, donc avec une des significations
de la lettre e de Descartes, que nous avons discutée à l'occasion de la
mie en œuvre de la méthode des coefficients indéterminés pour le calcul
d'une tangente. De sorte que[82]

$$(2) \quad 0 = 1+mx+ \; nz+pxz+qxx+rzz+ \; \text{etc.}$$

Il suffit à Leibniz de faire intervenir la sous-tangente t à la courbe en
y, car il a reconnu par le calcul différentiel sur les polynômes qui était
déjà en place chez lui[83], l'expression de y/t au signe près comme un quotient obtenu à partir de (1) et (2) $(y/t = (bx+dy+2ex+etc.)/(c+dx+2fy+etc.))$,

---

80 *Atque ita calculo aliquot horarum habebimus universalem regulam pro quadratura generali
    algebraica figurae algebraicae cujuscunque. Et memini me Tibi jam haec Parisiis docere, sed
    ut video non attendisti*, lettre de Leibniz à Tschirnhaus, in C.L. Gerhardt, *G.W. Leibniz
    Mathematische Schriften*, tome IV, 1859, p. 481. Voir encore la nouvelle édition des textes
    de Leibniz, *Sämtliche Schriften*, et ses diverses séries.

81 Je respecte à peu près les notations de Leibniz, y compris la numérotation des équations
    successives. Il ne met toutefois pas de + devant etc., ni n'utilise le signe = mais à sa place
    la lettre grecque pi en majuscule (). Il n'utilise pas ici le mot « coefficient ».

82 Leibniz choisit de prendre une constante égale à 1 comme premier terme sachant que, si
    la quadrature est possible, elle n'est qu'à une constante additive près.

83 Alors qu'il dispose déjà à l'époque de cette correspondance datant au plus tard de 1679
    selon Gerhardt, de la notation d, qui lui fait refuser d'utiliser cette lettre comme coefficient,
    Leibniz l'emploie ici dans (1). Mais on ne peut penser qu'il en soit resté pour ce calcul
    à la règle de Hudde, puisqu'il utilise dans cette même lettre à Tschirnhaus la notation

sachant alors que $z = y-(y/t)x$ a pour valeur y. Impossible à Descartes, une telle identification renforce nettement le sens de son invention de la forme polynomiale à une seule variable : on le voit, Leibniz peut passer à deux variables. D'où[84] une équation polynomiale entre x, y et z :

(3) $0 = l + mx+nz+pxz+qx^2+ rz^2+...$

En éliminant z entre (2) et (3), on obtient des coefficients A, B, C, *etc.* d'une dernière équation[85]

(4) $0 = A+Bx+ Cy+Dxy+Exx+Fyy+$ *etc.*

De sorte que Leibniz dispose au final, par identification entre (1) et (4), de la détermination des « valeurs des lettres » $A = a$, $B = b$, $C = c$, etc. Il commente pour Tschirnhaus son utilisation des équations algébriques dans cette lettre :

> Le fait simple, mais pour cette raison difficile à être perçu par les auteurs, est qu'ils n'utilisent généralement pas les équations générales pour les courbes dont ils recherchent les tangentes, afin qu'à partir de là une unique règle valable pour toutes puisse être trouvée[86].

Ne tenant pas compte des erreurs de calcul de Tschirnhaus, je choisis l'exemple qui était à l'esprit des deux jeunes amis, celui de la courbe logarithmique, une courbe connue pour être transcendante, et que je prends sous la forme explicite $y= Log (1/(x+1))$. Naturellement nous partons de (1) qui s'écrit $-1+y+xy= 0$. Et nous cherchons si une conique pouvait être courbe de quadrature, soit (2) sans le etc. final. Alors que nous savons par ailleurs que la quadrature est le logarithme. Du coup,

---

dx et parle de calcul différentiel. Il manque la lettre o qui devrait venir dans (1), et que Newton utilisait pour un infiniment petit.

84 Ce calcul montre que ce qui est mis en valeur du point de vue fonctionnel est le quotient z/t, valant y, et donc ce que l'on va appeler le quotient différentiel. Tschirnhaus ne met pas l'accent sur ce quotient, en utilisant la définition ancienne de la quadrature (égalité d'une aire courbe à l'aire d'un rectangle), et il sélectionne plutôt le quotient différentiel de xy.

85 Leibniz n'écrit pas cette équation notée (4), mais parle de constater la possibilité du calcul : *quod an possibile sit constabit, ex comparatione terminorum.* On a vu que la méthode de Descartes comporte la question de la résolubilité des équations.

86 *Haec facilia quidem, sed ideo difficilia visa autoribus, quia non solent aequationes generales adhibere pro curva qualibet ejusque tangentibus, ut inde regula unica pro omnibus inveniretur* (*idem*, p. 481).

nous avons aussi bien (3), en omettant encore les etc. L'élimination introduit des expressions non linéaires, et un calcul fastidieux aboutit à l'impossibilité de trouver les cinq coefficients, *a, b, c, d* et *e,* car ils devraient prendre des valeurs contradictoires. Quoique générale, la méthode de Leibniz préfigure celle d'Abraham de Moivre, à ceci près que les objets en jeu chez Leibniz sont ceux du calcul différentiel et intégral. Pourtant la question de l'algébricité d'une intégrale est perdue si l'on passe comme de Moivre du polynôme à une série, c'est-à-dire si le etc. dans (1) se comprend pour une série infinie. Le passage à deux variables était donc un leurre.

Leibniz convient que le Calcul, l'artifice dit-il, reste une œuvre occasionnelle (*quanquam tunc artificio adhuc aliquo nonnunquam opus sit*). Il ne dit rien sur la méthode des coefficients indéterminés, d'autant qu'en l'occurrence elle ne peut rien déterminer sur l'algébricité. Sinon qu'il n'y a pas de conique solution pour l'intégration sous une hyperbole. La seule chose qui est dite, mais comme une évidence, est qu'il convient d'identifier les lettres entre (3) et (4) : l'évidence est devenue une définition, celle d'un polynôme ordonné, de deux variables en l'occurrence. Il est pourtant mention dans cette lettre d'une autre méthode, celle des indivisibles. C'est pour Leibniz l'occasion de faire la différence essentielle.

> Bien peu d'entre ceux, qui comprennent ordinairement la méthode des indivisibles, comprennent les Triangles caractéristiques (comme j'ai pris l'habitude de les appeler). En fait, je crois que personne ne le comprend en Italie, presque personne en dehors de Huygens en France, mais en Angleterre beaucoup plus. Boulliau est celui qui comprend la méthode des indivisibles et a écrit un livre tout à fait nouveau sur ces choses, mais il a avoué qu'il n'avait pas été en mesure de trouver la surface du conoïde parabolique, qui, cependant, est le plus facile. Tu vois ce qui mesure la différence avec la méthode des indivisibles[87].

L'exemple de Boulliau concerne seulement l'intégration des fonctions en puissances entières, et pas même les polynômes en général, c'est-à-dire des sommes de telles fonctions.

---

87   *Pauci eorum, qui Methodum indivisibilium vulgarem intelligunt, intelligunt Trianguli characteristici (ut ego vocare soleo), imo credo neminem in Italia eum intelligere, in Gallia vix quisquam praeter Hugenium, in Anglia plures. Bullialdus qui intelligit methodum indivisibilium et de ea librum scripsit ineditum, fassus est se non posse invenire superficiem Conoidis parabolici, quod tamen facilimum est. Vides quantum inter methodos indivisibilium intersit* (idem, p. 481).

Nous poussons sans doute à bout la patience du lecteur en donnant deux conclusions, qui sur le fond disent la même chose. Mais l'une dans la sémantique de l'histoire interne des mathématiques, l'autre dans celle de la philosophie des mathématiques.

UNE CONCLUSION DE TYPE MATHÉMATIQUE
À l'algèbre naissante des polynômes, Descartes a ajouté une algèbre des coefficients

Nous sommes suffisamment armés pour répondre maintenant à la quête du sens donné à la méthode des coefficients indéterminés par Descartes. La « dimension » d'un polynôme, son degré, explique ce qui serait autrement un miracle dans le fait de tirer plusieurs équations d'une seule. Un polynôme n'est pas une expression numérique, et il possède une « dimension », une spatialité, et s'il a sa géométrie propre au sens moderne du terme, elle est indéniablement d'algèbre. L'identité $P \equiv Q$, signifiant $P(x) = Q(x)$ pour toutes les valeurs de la variable x, n'est pas une simple égalité numérique : l'identité a valeur ontologique. La preuve de cette identité est dans l'unicité de la forme polynomiale qui fait la méthode des coefficients indéterminés. À la manière dont le livre V d'Euclide a une valeur ontologique pour l'algèbre de l'analogie (c'est-à-dire des proportions) et dont le livre VII d'Euclide a une valeur ontologique pour les rapports des nombres entiers ou fractions qui peut se dire par multiplication, ou comme la « quantité variable » a cette valeur pour la méthode des fluxions que Newton élabore à partir de 1666. Il n'y a aucune faute de rigueur chez Descartes à ne pas donner de présentation axiomatique, car il impose une algèbre des quantités finies comme on va savoir le dire une fois venue l'intervention des infinitésimaux. Les séries entières, analogues si l'on veut aux polynômes, requièrent pourtant une convergence comme on ne va savoir le dire que bien plus tard, donc un jeu sur l'infini, même si on peut le juger réglé par le principe des différents ordres d'infinitésimaux.

Il existait avant Descartes un calcul algébrique sur les polynômes, mais on a vu comment il inaugure, certes explicitement pour $n = 4$

seulement, les polynômes de degré *n* comme des êtres mathématiques
à *(n+1)* dimensions. Son écriture spatialisée d'un polynôme, la ligne
des puissances successives de la variable et la colonne des coefficients,
sont les moyens pratiques (et toujours utilisés) de l'exprimer. L'algèbre
polynomiale avait son réseau de preuves. Ainsi la division polynomiale,
anciennement connue, devient un outil. Pour dire qu'un polynôme a une
racine double, il suffit d'indiquer que sa division par un binôme unitaire
au carré a un reste nul. Ce reste est *a priori* du premier degré, donc avec
deux coefficients indéterminés seulement, et il reste deux équations ou
égalité à zéro à satisfaire. Mais Descartes n'a pas agi ainsi : il a indiqué *a
priori* comment calculer algébriquement sur les coefficients d'un polynôme,
et si la théorie algébrique des anneaux, avec la division des polynômes,
pourtant présente chez Stevin en 1585, est venue confirmer l'action de
Descartes, elle ne l'a pas façonnée. À l'algèbre naissante des polynômes,
Descartes a ajouté en la créant l'algèbre des coefficients réels, traduisant
sur ces derniers l'algèbre des polynômes et en particulier faisant jouer
une dépendance linéaire. Peut-être l'expliquerions-nous mieux à partir
de ce que Descartes n'a pas fait.

Prévoir ce qu'il y a à faire pour résoudre un problème posé est fon-
damentalement l'objectif de la méthode de Descartes entendue comme
un guide. Pour autant, ayant en gros réussi la classification de toutes
les courbes algébriques par leur degré, Descartes ne s'est pas posé
la question du degré du problème qui consiste à trouver la tangente
pour une courbe de degré *n*. Il n'a pas prévu le calcul différentiel, ni
même prévu la facilité de l'algorithme pourvu par Hudde, dont par
ailleurs on peut s'étonner de ne pas le voir plus utilisé, en géométrie
algébrique par exemple. Par contre, à partir de l'opération exemplaire
du produit de deux polynômes, Descartes a donné une ontologie à
l'algèbre parce qu'il a organisé des preuves d'existence au moyen de
la résolution d'un système linéaire et du changement de variable. Ce
dernier se joue avec la lettre *e*, comme l'a explicité Laplace avec *x'* et
y' pour la postérité en géométrie différentielle. La structure linéaire
de l'objet polynôme pour ses coefficients ne résulte pas de la simple
multiplication de binômes successifs auparavant envisagée aussi bien
par Viète que par Harriot : il faut prendre en compte les coefficients
comme autant d'éléments sans relations de dépendance entre eux, ce
qui fait envisager le polynôme le plus général, donc assumer la structure

linéaire et la dimension. Voilà ce qu'a fait advenir la méthode des coefficients indéterminés, et j'ai donc conclu à la création par Descartes du « polynôme fonctionnel », au-delà du polynôme comme élément d'un espace vectoriel, les coefficients étant réels et les variables prenant des valeurs réelles. Sans poser cette création comme un axiome ou une définition nominale : une forme est là, sans conditions restrictives et sans les effets en retour de constructions antérieures, qu'elles soient d'arithmétique ou de géométrie.

> Mesme il est a remarquer, touchant la derniere somme, qu'on prent a discretion pour remplir le nombre des *dimensions* de l'autre somme, lorsqu'il y en manque, comme nous auons pris tantost :
>
> $$y^4 + fy^3 + ggyy + h^3y + k^4,$$
>
> que les signes, + & - ; y peuuent estre supposés tels qu'on veut, sans que la ligne v ou AP se trouue diuerse pour cela, comme vous pourrés aysement voir par experience : car, s'il falloit que ie m'arestasse a demonstrer tous les theoresmes dont ie fais quelque mention, ie serois contraint d'escrire vn volume beaucoup plus gros que ie ne desire

Si nous donnons cette dernière citation de la *Géométrie*, c'est que Descartes revient sur les coefficients pour expliquer la généralité de la forme polynomiale. Il mentionne le signe devant ceux-ci, leur faisant perdre la trace géométrique qui pourrait subsister. La « réalité » du polynôme est ainsi complète par celle des coefficients. Mais si le signe est une donne du « polynôme algébrique », Descartes ne va pas jusqu'à une explicitation graphique du « polynôme réel » avec ses valeurs, positives ou négatives. Du coup, on est conforté dans la reconnaissance que l'emploi de g^2 ou de k^4 pour nommer les coefficients n'est pas une notation de puissance qui poserait problème s'il s'agissait de calculer effectivement g ou k pour des valeurs négatives de ces puissances paires : la notation est une indication d'ordre explicitant l'homogénéité ou degré d'un polynôme, vérifiable en chacun de ses coefficients ainsi authentifiés chacun comme polynomiaux. Ce qui permet de « démêler » les équations. Le signe joue explicitement pour les coefficients, mais il reste un implicite pour la valeur du polynôme lui-même. De cette algèbre des coefficients est évidemment témoin la fameuse règle des signes : Descartes n'en donne pas de démonstration, mais celle donnée par Jean-Paul de Gua de Malves en 1741 utilise essentiellement une propriété de conservation d'une certaine combinatoire des signes de la multiplication d'un polynôme par un binôme $x+p$ ou $x-p$, p étant positif. Elle n'est pas plus compliquée, mais aussi bien du même genre que celle de la règle de Hudde.

UNE CONCLUSION S'EN DÉDUIT
SUR L'USAGE DE LA MÉTAPHYSIQUE

La brièveté dont Descartes vient de se targuer n'est aucunement signe d'un abandon de la preuve d'existence, ni l'abandon de toute organisation du réseau des preuves, ni bien sûr oubli de l'avantage pratique majeur qu'il y a en mathématiques à discuter sur des problèmes plutôt que sur des théories. Aussi Condorcet, qui ne travaille pas par problèmes et plutôt par genres, avait-il voulu compléter l'explication que donnait d'Alembert à l'entrée Méthode dans l'*Encyclopédie méthodique*, et il revisitait la question ancienne de l'analyse et de la synthèse. Il voulait effacer toute différence de statut ontologique grâce justement à la pensée analytique. On a vu que pour de Moivre l'analytique du calcul valait synthèse. Condorcet parlait de « donner à l'expression connue la forme à laquelle on veut la rappeler par le moyen d'expressions convenables[88] ». Serait-ce, avec le verbe « rappeler », un résumé épistémologique de ce que nous avons essayé de décrire comme étant la procédure de Descartes avec les coefficients indéterminés qui a fixé l'objet polynôme ? Formellement oui, mais au fond non. Car il manque la résolubilité, dont il a été utile de voir qu'elle avait fait l'objet du reproche de Leibniz à Tschirnhaus. Si c'est notre façon d'excuser la longueur de notre exposé sur une chose banale en contradiction avec la brièveté de Descartes, du moins cela fait prendre conscience du fait que la résolution chez Descartes impose le cadre même des nombres réels pour le « polynôme fonctionnel » : on l'a vu avec le jeu de e a établi pour les coefficients. Autrement dit, comme le verbe « rappeler » ne peut avoir la signification platonicienne, Condorcet en oublie l'ontologie. Il n'a pas été nécessaire de la donner de façon automatique au polynôme parce qu'il l'a acquise par la méthode même.

---

88   Entrée Méthode (Mathématiques), signée MDC (marquis de Condorcet) dans *Mathématiques*, tome II, *Encyclopédie méthodique*, Paris, Panckoucke, 1785, p. 390.

L'étude des postérités nous a à la fois fait parvenir à l'idée du « polynôme fonctionnel » et évité d'aller jusqu'au « polynôme réel » et ses propriétés d'ordre que ne présente pas le champ complexe. Notre propos ne pouvait pas être, comme il est classique dans une enquête d'histoire des sciences, de poser la triple question, celle de savoir si Descartes, en l'occurrence de la méthode des coefficients indéterminés, avait des antécédents, ce que niaient implicitement d'Alembert au XVIIIᵉ siècle comme Duhamel au XIXᵉ siècle, ce qu'il ajoutait, et enfin si entre Descartes et d'Alembert divers auteurs ne réussirent pas à aménager l'affaire pour parvenir à une méthode dont il est effectivement avéré qu'on ne lui trouva d'abord pas de nom, mais dont la description par d'Alembert ou d'autres n'est peut-être pas tout ce que Descartes voulait signifier. Si pourtant notre intention avait été telle, le plan du présent article aurait dû être de préciser des antécédents possibles de Descartes, notamment arabes, mais aussi chez Stevin, Viète et Harriot, portant sur la détermination des coefficients d'un polynôme, d'exposer en nouveauté relative le jeu propre de Descartes dans la *Géométrie* tant sur un problème de tangente que sur la factorisation de l'équation du quatrième degré, et enfin de voir comment divers auteurs purent exploiter la méthode, jusqu'à ce que, par d'Alembert, elle s'installe essentiellement dans une théorie des équations différentielles selon un jeu de calcul encore utilisé aujourd'hui avec une infinité de paramètres et formant donc une modélisation, ayant ses propres règles de développement et plus encore de vérification. À faire ainsi, notre travail aurait été essentiellement l'étude des généralisations successives.

Nous avons procédé autrement en restreignant aux seuls coefficients du polynôme la postérité de Descartes construite à partir de d'Alembert. La certitude *a priori* que la méthode des coefficients indéterminés offre un succès ne peut être détachée de la création du polynôme par ses coefficients. Il n'y a pas que l'efficacité d'un calcul, comme on le dit trop souvent, car il faut voir agir la règle d'ordonnancement des équations qui fait que l'on n'obtient comme solution que des nombres réels, en nombre fini puisque tel le veut le genre polynôme. Le polynôme que l'on doit « feindre », mais c'est une expression qui n'est justement pas de Descartes, est à coefficients réels, et leur nombre est la « dimension » du polynôme. Ces « réels » n'avaient auparavant d'existence que par la géométrie (ou l'algèbre ?) des proportions, où ils paraissaient ne valoir que comme grandeurs positives. Forcément un tel travail de Descartes interroge la liberté des définitions en mathématiques. Leibniz s'inquiète de l'étant donné en mathématiques, ou de la donation de propriétés.

Hinc patet etiam, quod definitiones non sint arbitrariae, ut putavit Hobbius[89].

Leibniz ajoute en forme de pied de nez, un peu à la façon de Paul Feyerabend.

Itaque ad hanc necessariam et primam definitionis bonae notam ipsa me cogitandi methodus duxit, id enim denique satis bonum est, quod usum praestat quem desideramus[90].

Il pourrait ainsi justifier l'invention même des coefficients comme k^4 pour le quatrième degré, signe du degré du polynôme. Au contraire de ce « désir », la méthode des coefficients indéterminés de Descartes ne nous paraît avoir été ni « désirée » (le silence de Wallis vaut preuve), ni subie. Si par habitude aristotélicienne, on voulait la dire abstraite, comme on ne peut préciser de quoi elle est serait l'abstraction, une réalité ou une idée, reste la solution de la dire seulement issue d'un calcul qui réussit. L'étude de la façon dont Descartes menait ce calcul et prévoyait *a priori* le succès le montre inséparable de la conception même du polynôme.

Le « polynôme fonctionnel » se présente comme un phénomène, au sens ancien d'être physique, à la manière même de l'arc-en-ciel que Descartes avait aussi expliqué en 1637, non pas comme réductible mais comme équivalent à un extremum. À la condition de bien analyser le trajet d'un rayon dans une goutte d'eau. La physique se trouvait expliquée par un phénomène, l'extrémum d'une valeur angulaire, non prévisible *a priori*, mais expérimentée si l'on peut dire doublement. Par une expérimentation sur le réel, et par un calcul numérique résultant d'une analyse des trajets de rayons solaires que l'on peut dire abstraits dans des gouttes d'eau bien concrètes et sphériques. Le jeu mathématique étant passé d'une goutte à beaucoup de gouttes, et Descartes parlait sans nécessité d'une infinité, sans doute pour manifester l'idée de continuité impliquée

---

89   Par conséquent, il est évident, aussi, que les définitions ne sont pas arbitraires comme l'avait pensé Hobbes.

90   Il est par conséquent nécessaire que la première de la définition soit une bonne notation, ce qui m'a conduit à cette méthode de pensée, qui revenait, en un mot, à tout est bon qui effectue l'utilisation que nous désirons.

par la notion d'étendue[91]. De même ou par analogie si nous pouvons glisser une argumentation cette fois de type métaphysique, le « polynôme fonctionnel » est produit par la méthode que Descartes avait explicitement soulignée comme étant porteuse de beaucoup plus qu'il n'avait montré, tout en n'abordant pas l'infini. Devenant un incontournable des développements futurs. De même que l'extrémum de l'arc-en-ciel devient un réel que la physique quantique contemporaine modifiera sans le perdre, de même le « polynôme fonctionnel » de la méthode des coefficients indéterminés est un nouveau réel, autre chose qu'un concept construit, puisque d'ailleurs il sera divisé, ou plutôt réparti en plusieurs autres notions ayant une définition, polynôme algébrique, vectoriel, ou fonction. Descartes ne donne pas une définition même incomplète de ce qu'est un polynôme, pas plus qu'il ne donne une définition d'un arc-en-ciel. Dire que c'est une insuffisance, c'est vouloir assigner à Descartes une position de type euclidien d'où la métaphysique est absente. Pour reprendre Kant, mais en le contredisant sur sa réduction du langage mathématique, cet objet transitoire de « polynôme fonctionnel » à l'œuvre dans la méthode des coefficients indéterminés de Descartes est la marque la plus nette de la présence métaphysique dans une pensée proprement scientifique. Dans la mesure où ce « polynôme fonctionnel » *a priori* écrit comme une forme ne s'impose pas de façon axiomatique, n'est pas issu de la perception sensible des figures géométriques, n'est pas plus le fruit d'une seule pratique de calcul. Le mot d'invention est trop ambigu et il faut effectivement parler d'une création. À condition de bien préciser que cette création ne contient pas en elle-même par simple conséquence logique la notion d'aujourd'hui de « polynôme fonctionnel », vulgarisée et non vraiment inscrite dans une structure reconnue sous le nom d'espaces linéaires fonctionnels. Elle n'implique pas comme une évidence prévisible les propriétés que précisera des siècles plus tard le théorème fondamental de l'algèbre que l'analytique seule est incapable à prouver sans faire intervenir la propriété que j'ai d'emblée assignée

---

91 Le jet d'eau et l'arc-en-ciel à l'âge baroque : réalisation des mathématiques, mathématisation de la philosophie naturelle et représentation des phénomènes, Frédéric Cousinié, Clélia Nau (dir.) *L'artiste et le philosophe. L'histoire de l'art à l'épreuve de la philosophie au* XVII*ᵉ siècle*, PUR, Rennes, 2011, p. 151-196 ; La mathématisation des météores aqueux d'après le dispositif cartésien de l'arc-en-ciel, in Thierry Belleguic et Anouchka Vasak, *Ordre et désordre du monde. Enquête sur les météores de la Renaissance à l'âge moderne*, Hermann, Paris, 2013, p. 177-226.

au « polynôme réel », une notion qu'après investigations nous avons dû éliminer dans mon étude.

Descartes ne bloquait donc pas l'esprit sur une forme unique de ses imaginaires, et cela pouvait susciter un nouveau problème à résoudre que la seule dimension quelconque mais finie des polynômes ne pourrait sans doute pas régler. Il y avait la pensée qu'un monde mathématique pouvait se développer sur les seules courbes dont l'équation est la nullité d'un polynôme à deux variables, les courbes que Newton et avec lui tous les mathématiciens ont appelé algébriques. Cette limitation est évidemment d'ordre métaphysique. Évaluer sur la seule méthode des coefficients indéterminés les conditions d'un retour à la métaphysique consiste à pouvoir donner un sens à une « création » quand on la qualifie, sans hiatus, de « provisoire » au seul sens que sa banalité ne semble pas requérir qu'on l'enrichisse ou la spécialise. C'est donc repenser les conditions de la certitude mathématique chez Descartes, sans la réduire à l'expérience du *cogito*, et sans avoir à forcer sur ce que nous pouvons appeler l'anti-téléologie phénoménologique husserlienne.

Jean DHOMBRES
Mathématicien
et historien des sciences
Directeur d'études à l'EHESS

BIBLIOGRAPHIE

ALVAREZ, Carlos, DHOMBRES, Jean, *Une histoire de l'imaginaire mathématique. Vers le théorème fondamental de l'algèbre et sa démonstration par Laplace en 1795*, Paris, Hermann, 2011.

ALVAREZ, Carlos, DHOMBRES, Jean, *Une histoire de l'invention mathématique. Les démonstrations classiques du théorème fondamental de l'algèbre dans le cadre de l'analyse réelle et de l'analyse complexe de Gauss à Liouville et Lipschitz*, Paris, Hermann, 2013.

BOS, Henk J., *Redefining geometrical exactness. Descartes' transformation of the early modern concept of construction*, Springer Verlag, New York, 2001.

DAMME, Stéphane van, *Descartes, Essai d'histoire culturelle d'une grandeur philosophique*, Paris, Presses de Sciences Po, 2014.

DHOMBRES, Jean (dir.), *Une école révolutionnaire en l'an III, Leçons de mathématiques, Lagrange, Monge, Laplace*, Paris, Dunod, 1992.

DHOMBRES, Jean, La question du repère chez Descartes et dans la postérité cartésienne. Essai sur le concept de banalisation en histoire des sciences, *Réminiscences*, 4, Brepols, 2000, p. 27-77.

DHOMBRES, Jean, « La rigueur mathématique : Euler et le XVIIIe siècle », *Actes de l'Université d'été sur l'histoire des mathématiques*, Toulouse, juillet 1986, p. 90-161.

DHOMBRES, Jean, « La mathématisation des météores aqueux d'après le dispositif cartésien de l'arc-en-ciel », in Thierry Belleguic et Anouchka Vasak, *Ordre et désordre du monde. Enquête sur les météores de la Renaissance à l'âge moderne*, Hermann, Paris, 2013, p. 177-226.

DHOMBRES, Jean, « Calcoli e forme d'invenzione nella mathematica francese del Seicento », in Claudio Bartocci, Piergiorgio Odifreddi (éd.), *La matematica. I luoghi e i tempi*, Einaudi, 2007, p. 283-330.

FICHANT, Michel, *Science et métaphysique dans Descartes et Leibniz*, Epiméthée, PUF, Paris, 1998.

FUMAROLI, Marc, *Ego scriptor*, rhétorique et philosophie dans le *Discours de la méthode*, H. Méchoulan (éd.), Problématiques et réception du *Discours de la méthode et des Essais*, Paris, Vrin, 1988, p. 31-36.

GAUKROGER, Stephen, *Descartes' System of Natural Philosophy*, Cambridge University Press, 2002.

GOUHIER, Henri, *La pensée métaphysique de Descartes*, Paris, Vrin, édition de 1999.

GUESNERIE, Roger, HARTOG, François (éd.), Des Sciences et des Techniques : un Débat, *Cahier des Annales*, t. 45, 1998, p. 127-148.

HUDDE, Jan, « Johannis Huddenii Epistola duæ, quarum altera de Aequationum reductione, et altera de Maximis et Minimi agit », in *Geometria à Renato Des Cartes...*, Ludovicum & Danielem Elzevirios, Amsterdam, 1659.

JAHNKE, Hans Niels, dans *History of Analysis*, American Mathematical Society, London Mathematical Society, 2003.

JONES, Williams, *Synopsis palmariorum Matheseos, or a New Introduction of Arithmetic & Geometry Demonstrated, in a short and easie Method*, Londres, 1706.

JULLIEN, Vincent, *La Géométrie de Descartes*, Paris, PUF, 1998.

JULLIEN, Vincent (ed.), *Seventeenth-Century indivisibles revisited*, Science Networks, Historical Studies, 49, 2015.

L'HÔPITAL, *Analyse des infiniment petits, pour l'intelligence des lignes courbes*, Imprimerie royale, Paris, 1696.

LYONS, John D., « Rhétorique du discours cartésien », *Cahiers de littérature du XVIIe siècle*, n° 8, 1986, p. 125-147.

NORA, Pierre (éd.), *Lieux de mémoire*, Paris, Gallimard, 1993, t. VI.

RABUEL, Claude, *Commentaires sur la Géométrie de M. Descartes*, Marcellin Duplain, Lyon, 1730.

RADELET-DE GRAVE, Patricia, DHOMBRES, Jean, « Contingence et nécessité en mécanique : étude de deux textes inédits de d'Alembert », *Physis*, vol. XXVIII (1991), nuova serie, fasc. 1, p. 35-114.

SASAKI, Chikara, *Descartes's Mathematical Thought*, Kluwer Academic Publishers, Dordrecht, 2003.

SHEA, William, *The Magic of Numbers and Motion. The Scientific Career of René Descartes*, Science History Publications, USA, 1991.

STEDALL, Jacqueline A., *A Discourse Concerning Algebra. English Algebra to 1685*, Oxford, Oxford University Press, 2002.

VUILLEMIN, Jules *Mathématiques et métaphysique chez Descartes*, Paris, PUF, 1960.

WALLIS, John, *A Treatise of Algebra, both Historical and Practical*, Londres, John Playford for Richard Davis, 1685.

WALLIS, John, « De Algebra tractatus », *Opera mathematicorum Volumen alterum*, Oxford, 1693.

LA MÉTHODE CARTÉSIENNE
FACE AUX QUESTIONS NUMÉRIQUES

Sur « l'invention » d'un nombre parfait impair

Faut-il employer sa vie à ce qui n'y sert point ? Quelle importance accorder aux choses que nous situons en marge de notre travail ou de notre existence ? La question n'a bien sûr pas de réponse toute faite, elle résonne différemment selon qui elle touche, ce qu'elle touche, et à quel moment elle le fait. Le 3 juin 1638, à l'issue d'une longue lettre à Mersenne consacrée pour l'essentiel à la résolution de « questions numériques posées par Monsieur de Sainte-Croix[1] », Descartes semble avoir été lui-même atteint par une interrogation de ce type :

> Au reste, mon Révérend Père, je vous crie merci, et j'ai les mains si lasses d'écrire cette lettre, que je suis contraint de vous supplier et vous conjurer de ne plus m'envoyer aucunes questions, de quelque qualité qu'elles puissent être […]. Et m'étant proposé une étude pour laquelle tout le temps de ma vie, quelque longue qu'elle puisse être, ne saurait suffire, je serais très mal d'en employer aucune partie à des choses qui n'y servent point[2].

On sait que l'œuvre à laquelle Descartes a, selon les termes du *Discours de la méthode*, « dessein d'employer toute [sa] vie », est l'étude des moyens visant « la conservation de la santé […] et même aussi peut-être […] l'affaiblissement de la vieillesse[3] ». Au début de l'année 1638 ce projet est toujours bien vivant : « la mort, écrit Descartes, ne saurait désormais me surprendre, qu'elle ne m'ôte l'espérance de plus d'un siècle […], mais parce que j'ai besoin de beaucoup de temps et d'expériences pour examiner tout ce qui sert à ce sujet, je travaille maintenant à composer

---

1 André Jumeau, prieur de Sainte Croix et ancien aumonier de Marguerite de Valois, avait la réputation d'être parmi « les premiers arithméticiens du siècle » (Adrien Baillet, *La vie de Monsieur Descartes*, Paris, D. Hortemels, 1691, I, p. 392).

2 AT II 167-168.

3 *Discours de la méthode* AT VI 62-63.

un abrégé de médecine[4] ». Du reste, les questions de nombres paraissent fort éloignées de sa méthode. Qu'elles soient directement héritées de l'arithmétique de Diophante ou liées à la somme des diviseurs d'un nombre, elles sont de recherche « fort pénible et ennuyeuse[5] », requièrent ordinairement « plus de patience que d'esprit[6] », souvent « l'analyse a bien de la peine à parvenir » à leur résolution[7], et elles sont surtout « très inutiles[8] ». L'affaire paraît donc réglée, comme elle semblait l'avoir été dès 1631 dans ce courrier à Mersenne : « Vous me demandez aussi que je vous réponde, savoir s'il y a quelque autre nombre qui ait cette même propriété que vous remarquez en 120 [d'être la moitié de la somme de ses diviseurs propres]. À quoi je n'ai rien à dire, parce que je ne le sais point, ni n'ai jamais eu envie de le savoir [...][9]. »

Le problème est que sept ans plus tard, au moment même où il demande « merci » à Mersenne, Descartes s'est véritablement pris au jeu des défis numériques que se lancent les savants de son époque. Aux critiques qu'il a lui-même adressées à la méthode des tangentes de Fermat[10], Étienne Pascal et Roberval ont répliqué en février 1638 par une série de questions dont on ne connaît pas le détail[11]. Un mois plus tard Descartes répond à trois d'entre elles « afin qu'ils [Pascal et Roberval] n'aient pas pour cela occasion de croire que j'ignore la façon de les trouver[12] ». Les deux premières questions reviennent à demander de démontrer que tout carré de nombre impair $(2x + 1)^2$ s'écrit sous la forme $8y + 1$ (x et y entiers). La troisième demande une règle de formation des nombres dits « amiables », c'est-à-dire dont chacun égale la somme des diviseurs propres de l'autre. À cette occasion Descartes retrouve une règle déjà énoncée au IXe siècle par Thābit ibn Qurra[13], et redécouverte par Fermat

4   À *Huygens*, 25 janvier 1638, AT I, 507.
5   À *Frenicle*, 9 janvier 1639, AT II 477.
6   À *Mersenne*, octobre ou novembre 1631, AT I 230.
7   À *Mersenne*, 23 août 1638, AT II 337.
8   À *Mersenne*, 31 mars 1638, AT II 91.
9   À *Mersenne*, octobre ou novembre 1631, AT I 229-230.
10   À *Mersenne*, 9 janvier 1638, AT I 486-493.
11   L'écrit de Roberval et Étienne Pascal est aujourd'hui perdu.
12   À *Mersenne*, 31 mars 1638, AT II 91.
13   Leonard Eugene Dickson, *History of the theory of numbers*, Washington, Carnegie Institution of Washington, 1919, vol. 1, p. 5 et 39, citant Franz Woepcke, *Journal asiatique*, vol. 4, 1852, p. 420-429.

en 1636[14]. Au mois de mai de la même année il annonce posséder une règle générale pour trouver des nombres qui aient avec leurs diviseurs propres « telle proportion qu'on voudra[15] ». On pourrait croire, compte tenu de la supplique qui la termine, que la lettre à Mersenne du 3 juin à propos des questions numériques de Sainte-Croix[16] marquera la fin de cet engouement. Mais Descartes y revient incidemment le 13 juillet : « les deux dernières questions m'ont semblé trop faciles, au sens que je les ai prises, pour être venues de Monsieur de Sainte-Croix ; ce qui me fait croire qu'il les entend en quelque autre sens, lequel je n'ai pas su deviner[17] ». La même lettre donne des exemples de nombres égaux au tiers ou au quart de la somme de leurs diviseurs propres[18]. Un mois plus tard Descartes revient encore sur quelques erreurs qu'il a lui-même commises en répondant à Sainte-Croix[19]. Enfin, le 15 novembre 1638, il écrit à Mersenne qu'il pense pouvoir, « pour ce qui est des nombres parfaits », « démontrer qu'il n'y en a point de pairs qui soient parfaits,

---

14 *Fermat à Roberval*, 22 septembre 1636, *in Œuvres de Fermat*, 1894, II, p. 72. Les formulations diffèrent bien entendu d'un auteur à l'autre, mais elles reviennent à dire que si les trois nombres $p = 3. \ 2^{n-1} - 1$; $q = 3. \ 2^n - 1$; $r = 9. \ 2^{2n-1} - 1$ sont *premiers* (n entier > 1), alors $2^n \, pq$ et $2^n \, r$ sont amiables.

15 *À Mersenne*, 27 mai 1638, AT II 149.

16 Dans sa première question, Sainte-Croix demande de trouver deux « trigones » (c'est-à-dire deux nombres de forme $a(a+1)/2$) tels qu'en ajoutant à chacun un « trigone tétragone » (c'est-à-dire un nombre exprimable aussi bien sous la forme $b(b+1)/2$ que sous la forme c^2), on obtienne chaque fois un carré, et que la somme des racines de ces deux carrés donne à la fois le premier trigone, et le facteur a' du second trigone. Sainte-Croix fournit les solutions 15 ($a = 5$), 120 ($a' = 15$) et 1 ($b = c = 1$) et demande s'il y en a d'autres. Descartes montre que le problème n'admet pas d'autre solution entière, sauf si l'on ajoute un trigone tétragone différent à chacun des trigones. La deuxième question demande de trouver un trirectangle (nombre de forme $a^2 + b^2 = c^2$) dont chacun des côtés a, b, c soit l'aire d'un trirectangle (c'est-à-dire égal à $d.e/2$ pour un trirectangle de forme $d^2 + e^2 = f^2$). Sainte-Croix fournit la solution $a = 210$, $b = 720$, $c = 750$ et en demande une autre. Descartes fournit $a = 145530$, $b = 194040$, $c = 242550$. La troisième question se réduit à l'équation : $x^2+2. \ (x^2)^2 = (x^2+x)^2$, que Descartes résout facilement : $x=2$. La quatrième demande de trouver deux nombres égaux à la somme de seulement trois carrés, et dont la somme ne compte également que trois carrés. Sainte-Croix donne 3 et 11 (3 = 1+1+1 ; 11 = 1+1+9 ; 14 = 1+4+9). Descartes propose de « prendre deux carrés impairs, tels qu'on voudra, et à chacun ajouter le nombre 2 » (AT II 167). Il donne les exemples de 27 et 51 (27 = 1+1+25 ; 51 = 1+1+49 ; 78 = 4+25+49). La cinquième et dernière question demande de trouver un nombre égal à la moitié de la somme de ses diviseurs propres. Descartes fournit 1476304896 = $2^{13}.3.11.43.127$, qui vérifie effectivement cette propriété.

17 *À Mersenne*, 13 juillet 1638, AT II 251.

18 *Ibid.*, p. 250-251.

19 *À Mersenne*, 23 août 1638, AT II 337.

excepté ceux d'Euclide ; et qu'il n'y en a point aussi d'impairs, si ce n'est qu'ils soient composés d'un seul nombre premier, multiplié par un carré dont la racine soit composée de plusieurs autres nombres premiers[20] ». Arrêtons-nous sur cette dernière annonce, et sur la question des nombres parfaits.

Un nombre parfait est un nombre égal à la somme de ses diviseurs propres, appelés aussi *parties aliquotes*[21]. Par exemple, le nombre 6 est parfait car il est égal à 1+2+3. L'attrait pour ces nombres n'est pas seulement justifié par des raisons mathématiques : s'y attachent aussi des questions de théologie et de morale. La perfection de l'ouvrage divin ne s'exprime-t-elle pas dans la création du monde en six jours[22] ? Pour Nicomaque de Gérase, la perfection d'un nombre est le signe que l'on a atteint le milieu entre l'excès et le défaut, c'est-à-dire « santé, modération, convenance, beauté[23] ». Mais la perfection est aussi rare dans les nombres que dans la vertu, prévient Boèce[24]. Le thème a traversé le Moyen Age[25] et se retrouve encore chez Claude Mydorge, correspondant et ami de Descartes : « Le nombre 6 est le premier entre ceux que les arithméticiens nomment parfaits [...]. Or c'est merveille de voir combien peu il y en a de semblables, et combien rares sont les nombres, aussi bien que les hommes parfaits[26]. »

Au livre IX des *Éléments* (proposition 36), Euclide démontre une règle de construction de nombres parfaits pairs qu'on peut résumer comme suit : si un nombre $p = 1+2+2^2+...+2^n$ est premier, alors $k = 2^n p$ est un nombre parfait. Comme $p = 1+2+2^2+...+2^n$ correspond à $2^{n+1}-1$,

---

20 AT II 429.
21 Une partie *aliquote* est *pars quota* d'un tout, c'est-à-dire résulte de la division de ce tout en parties égales, par opposition à la partie *aliquante*, ou *pars quanta*, qui ne le décompose pas en parties égales. Sur l'origine de ces termes, voir la note de Paul Tannery en AT II, p. 477. Notons que, dans l'usage que Descartes et ses contemporains font de ce terme, l'expression « les parties aliquotes » d'un nombre désigne la *somme* de ces parties, ou des diviseurs propres du nombre.
22 Saint Augustin, *De civitate Dei*, XI, 30.
23 Nicomaque de Gérase, *Introductio arithmeticae*, I, 14.
24 Boèce, *De institutione arithmetica*, I, 20.
25 Voir par exemple le résumé du manuscrit *De creatione et mysterio numerorum perfectorum* de Guillaume d'Auberive (XIIe siècle) dans l'*Histoire littéraire de la France*, Paris, Didot, 1817, vol. 14, p. 204.
26 Claude Mydorge, *Examen du livre des Recréations mathématiques et de ses problèmes en géométrie, mécanique, optique et catoptrique*, Rouen, Ch. Osmont, 1639, p. 129.

que nous appelons aujourd'hui un *nombre de Mersenne*, la même relation peut s'écrire : si $2^{n+1}-1$ est premier, alors $k = 2^n$. $(2^{n+1}-1)$ est parfait. Aujourd'hui on note souvent[27] $\sigma(k)$ la somme de tous les diviseurs entiers de k, et $\sigma_0(k)$ la somme de ses parties aliquotes, c'est-à-dire de tous ses diviseurs entiers positifs à l'exception du nombre lui-même. Un nombre parfait k peut donc s'écrire :

$$\sigma(k) = 2.k$$

ou encore :

$$\sigma_0(k) = k$$

Les quatre premiers nombres parfaits sont connus depuis l'Antiquité :

$$6 = 2^1.(2^2 - 1)$$
$$28 = 2^2.(2^3 - 1)$$
$$496 = 2^4.(2^5 - 1)$$
$$8128 = 2^6.(2^7 - 1)$$

Les trois suivants apparaissent dans la liste donnée par ibn Fallūs (Abu 'l-Tahir)[28] au XIIIe siècle :

$$33550336 = 2^{12}.(2^{13} - 1)$$
$$8589869056 = 2^{16}.(2^{17} - 1)$$
$$137438691328 = 2^{18}.(2^{19} - 1)$$

Cette liste comporte cependant d'autres nombres signalés erronément comme « parfaits ». Les cinquième et sixième nombres parfaits ont été calculés en Italie vers le milieu du XVe siècle[29]. Le septième semble avoir

---

27 Cette notation qui n'appartient pas à l'époque de Descartes n'est utilisée dans la suite que pour abréger la présentation des raisonnements.

28 S. Brentjes, „Die ersten sieben vollkommenen Zahlen und drei Arten befreundeter Zahlen in einem Werk zur elementaren Zahlentheorie von Ismail b. Ibrahim ibn Fallūs", *NTM Schriften- reihe für die Geschichte der Naturwissenschaften, Technik und Medizin*, vol. 24, 1987, p. 21-30.

29 E. Picutti, « Pour l'histoire des sept premiers nombres parfaits », *Historia Mathematica*, vol. 16, 1989, p. 123-136.

été vérifié pour la première fois par Pietro Cataldi[30], le huitième[31] par Mersenne ou l'un de ses inspirateurs[32], le neuvième n'a été établi qu'à la fin du XIXᵉ siècle[33]. À l'heure où ce texte est en passe d'être publié, on connaît 51 nombres parfaits, connectés par la relation ci-dessus aux 51 nombres de Mersenne premiers actuellement recensés.

Aucun nombre parfait *impair* n'a été découvert jusqu'à présent. Euler a montré que si un tel nombre existe, il doit avoir la forme $k^2 p^r$ (k impair, p premier de forme $4n +1$, et r de forme $4\lambda+1$, n et λ entiers positifs)[34]. D'autres résultats ont été établis depuis (notamment le fait[35] qu'il n'en existe aucun en-dessous de 10^{1500}) mais on n'a pas encore réussi, malgré la faible probabilité d'en trouver un, à démontrer la non-existence des nombres parfaits impairs. Situation stimulante pour le mathématicien, la raison pour laquelle il n'en existerait pas demeure inconnue.

Le 15 novembre 1638 Descartes affirme donc pouvoir prouver que tout nombre parfait pair est du type d'Euclide, et qu'un nombre parfait impair devrait être du type $k^2 p$, p étant premier et k produit de plusieurs nombres premiers :

> Je pense pouvoir prouver qu'il n'y en a point de pairs qui soient parfaits, excepté ceux d'Euclide ; et qu'il n'y en a point aussi d'impairs, si ce n'est qu'ils soient composés d'un seul nombre premier, multiplié par un carré dont la racine soit composée de plusieurs nombres premiers. Mais je ne vois rien qui empêche qu'il ne s'en trouve quelques-uns de cette sorte : car, par exemple, si 22021 était nombre premier, en le multipliant par 9018009, qui

30   Pietro Cataldi, *Trattato de numeri perfetti*, Bologna, 1603. Voir également E. Picutti, *op. cit.*

31   Il s'agit de 2305843008139952128 = $2^{30} . (2^{31} -1)$.

32   Mersenne, *Cogitata physico mathematica*, Paris, 1644. Mersenne pourrait avoir été inspiré par Fermat ou Frenicle de Bessy (L. E. Dickson, *op. cit.*, p. 12, n. 60).

33   En 1886 et 1887, indépendamment par J. Pervušin et P. Seelhoff (L. E. Dickson, *op. cit.*, p. 25).

34   L. Euler, *Tractatus de numerorum doctrina capita sedecim quae supersunt* [1ʳᵉ édition 1849], *Opera posthuma*, P. H. Fuss et N. Fuss éds., vol. 1, Petropoli, Eggers, 1862, p. 14-15. Le fait que p doit être de la forme $4n+1$ était déjà pointé par Frenicle de Bessy en 1657 : « Pour les [nombres parfaits] impairs, s'il y en a aucun, il doit être multiple d'un carré par un nombre premier, pairement pair plus 1 » (Frenicle cité dans les *Œuvres de Fermat*, vol. 3, Paris, Gauthier-Villars, 1896, p. 567).

35   P. Ochem, M. Rao, "Odd perfect numbers are greater than 10^{1500}", *Mathematics of Computation*, vol. 81, 2012, p. 1869–1877.

est un carré dont la racine est composée des nombres premiers 3, 7, 11 et 13, on aurait 198585576189, qui serait nombre parfait[36].

Le fait que tout nombre parfait pair est de « ceux d'Euclide », c'est-à-dire de la forme $2^n.(2^{n+1}-1)$, $2^{n+1}-1$ étant premier, sera effectivement démontré par Euler au XVIIIᵉ siècle[37]. La seconde affirmation, selon laquelle tout nombre parfait impair est de type k^2p (p premier, k produit de plusieurs premiers distincts), pose davantage de problèmes. Descartes donne l'exemple du nombre $k^2p = 3^2.7^2.11^2.13^2.22021$ qui serait parfait, ajoute-t-il, « si 22021 était un nombre premier ». Mais 22021 est le produit de 61 par 19^2, ce qui pourrait laisser penser que l'exemple est tout simplement inadéquat. Toutefois la façon même dont en parle Descartes (« si 22021 était premier… ») suggère que, sans ignorer la non primalité de 22021, il entend malgré tout souligner l'intérêt du nombre qu'il a trouvé.

Récemment, les mathématiciens William D. Banks, Ahmet M. Güloğlu, C. Wesley Nevans et Filip Saidak des universités du Missouri et de Caroline du Nord se sont avisés que le nombre trouvé par Descartes a en effet quelque chose d'exceptionnel : « Ce nombre est très proche de la perfection. En fait, comme Descartes l'a observé lui-même, il serait un nombre parfait impair si seulement 22021 était premier[38] ». En effet :

$$\sigma\left(3^2.7^2.11^2.13^2\right).\left(22021+1\right) = 2.3^2.7^2.11^2.13^2.22021$$

Inspirés par cette identité, les auteurs proposent d'appeler « nombre de Descartes » (*Descartes number*) un nombre $n = km$ tel que :

$$\sigma\left(k\right).\left(m+1\right) = 2.km \qquad k, m > 1 \; ; km \, impair$$

Or le nombre $3^2.7^2.11^2.13^2.22021 = 198585576189$ trouvé par Descartes est « le seul exemple actuellement connu[39] » vérifiant cette relation. Les

---

36   *À Mersenne*, 15 novembre 1638, AT II 488-489.
37   L. Euler, *De numeris amicabilibus* [1ʳᵉ édition 1849], *Opera posthuma*, P. H. Fuss et N. Fuss éds., vol. 1, Petropoli, Eggers, 1862, p. 88.
38   W.D. Banks, A. Güloğlu, W. Nevans and F. Saidak, "Descartes numbers", *in Anatomy of Integers*, Providence, American Mathematical Society, 2008, p. 168.
39   *Ibid.*

auteurs démontrent que si un autre km de ce type existe, et si aucun de ses diviseurs n'est un cube, il aura plus d'un million de diviseurs premiers distincts. « Ainsi [la] profondeur de la compréhension [de Descartes] en cette matière ne doit pas être sous-estimée[40]. »

L'histoire pourrait s'arrêter là, si l'on ne disposait d'une autre lettre de Descartes datée du 9 janvier 1639 et adressée cette fois à Frenicle de Bessy, arithméticien réputé[41].

> Pour le nombre impair faussement parfait, que je vous ai envoyé, je ne vous celerai pas que j'en tiens l'invention pour une des plus belles en cette matière [...], je ne sais pourquoi vous jugez qu'on ne saurait parvenir, par ce moyen, à l'invention d'un vrai nombre parfait [...] car pour moi, je juge qu'on peut trouver des nombres impairs véritablement parfaits, en la même façon que j'ai trouvé celui-là[42].

Ainsi, au lieu de reconnaître l'imperfection du nombre qu'il avait proposé, au lieu de s'en tenir à l'espoir qu'on trouve un jour un nombre premier compatible avec sa formule k^2p, Descartes renchérit sur sa tentative. La proposition qui suit a été très peu commentée[43]. Elle mérite pourtant d'être citée en entier, non seulement pour son contenu mathématique, mais aussi pour les informations qu'elle livre concernant la méthode employée par Descartes dans sa quête de nombres parfaits impairs.

> Mais il est à remarquer qu'au lieu des nombres 7, 11 et 13, dont j'avais composé la racine du carré, il faut que chaque nombre qu'on y emploie, excepté celui qu'on prend le premier de tous, soit l'agrégé de deux nombres, qui expliquent la proportion qui est entre le carré et les parties aliquotes de ceux qu'on a pris auparavant. Comme, ayant pris 3 pour le premier nombre, il faut que le second soit 13, qui est l'agrégé de 9, carré de 3, et de 4, qui sont ses parties (ou bien ce peut être aussi le carré de 13, ou son cube, ou son carré de carré, etc. ; et ce pourrait être ce même nombre, s'il était carré ; ou sa racine, s'il était carré de carré, etc.)

---

40 *Ibid.*
41 Pour plus de détails sur Frenicle de Bessy, en particulier sur la manière dont il débat avec Fermat, Descartes et de Beaune du problème de la construction d'un nombre fixé à l'avance d'ellipses dont certains segments sont mesurés par des entiers, voir Catherine Goldstein, « L'expérience des nombres de Bernard Frenicle de Bessy », *Revue de synthèse*, 4e série, n°2-3-4, 2001, p. 425-454.
42 *À Frenicle*, 9 janvier 1639, AT II 475-476.
43 Dickson la résume en deux lignes : « [Descartes] exprime sa croyance qu'un nombre parfait impair pourrait être trouvé en remplaçant 7, 11, 13 en [k] par d'autres valeurs » (L. E. Dickson, *op. cit.*, p. 12).

Il poursuit :

> Après cela, pour ce que les carrés de 3 et de 13 produisent un nombre, qui est à ses parties comme 39 à 22, il faut que le troisième nombre qu'on prend soit l'agrégé de ces deux, à savoir 61 (ou bien derechef son carré, ou cube, etc.) et ainsi de suite.

Il peut conclure :

> Au moyen de quoi, on peut enfin composer une racine, dont le carré soit à ses parties aliquotes en proportion superparticulière[44], et que l'agrégé des deux nombres qui expliquent cette proportion, soit un nombre premier, lequel étant multiplié par le carré trouvé, produira un vrai nombre parfait. Il est vrai qu'on essaiera peut-être quantité de nombres, avant que d'en rencontrer qui produisent ainsi un nombre parfait ; à cause que ces agrégés ne sont pas toujours nombres premiers, et qu'ils ne composent pas toujours la racine d'un carré, qui soit à ses parties en proportion superparticulière.

Cependant :

> Mais je ne vois rien qui empêche que cela n'arrive quelquefois, bien que la recherche en soit fort pénible et ennuyeuse[45].

Ce passage clôture la lettre à Frenicle. Les mots mêmes qui la terminent, *pénible et ennuyeuse*, laissent présager que, désormais, Descartes ne se laissera plus emporter dans l'exploration des nombres parfaits. Tel sera bien le cas[46]. Le travail reste donc inachevé, ébauché, à l'image

---

44 *En proportion superparticulière* : c'est-à-dire réductible à un rapport $(s+1)/s$, s entier.

45 *À Frenicle*, 9 janvier 1639, AT II 476-477.

46 Dans une autre lettre datée du même jour (9 janvier 1639), Descartes adresse une nouvelle « supplique » à Mersenne : « Au reste, mon Révérend Père, j'ai à vous dire que je me suis proposé une étude pour le reste de cet hiver, qui ne souffre aucune distraction ; c'est pourquoi je vous supplie très humblement de me permettre de ne plus écrire jusqu'à Pâques […]. Et afin que je ne semble pas ici négliger […] que vous craigniez que je ne sois malade […] je vous promets que, s'il m'arrive en cela quelque chose d'humain, j'aurai soin que vous en soyez incontinent averti […]. Et ainsi, pendant que vous n'aurez point de mes nouvelles, vous croirez toujours, s'il vous plaît, que je vis, que je suis sain, que je philosophe, et que je suis passionnément… » (AT II 491-492). L'étude dont il est question pourrait être les futures *Mediationes de prima philosophia*. Geneviève Rodis-Lewis commente le passage en ces termes : « avant la formule traditionnelle, cette fin de lettre est unique. Elle pourrait renvoyer à un grand dessein, où le penseur surpasse l'être "humain" affecté par son corps : vivre, pour Descartes, c'est d'abord philosopher, au sens le plus large. » (G. Rodis-Lewis, *Descartes. Biographie*, Paris, Calmann-Lévy, 1995, p. 184.)

sans doute des remarques qu'on peut en faire et qui ne sauraient tenir ici que de simples pistes ou esquisses.

L'algorithme, le procédé d'invention de nombres parfaits impairs proposé par Descartes revient donc à construire un nombre $a_1^{\alpha 1}$. $a_2^{\alpha 2}$. $a_3^{\alpha 3} \dots a_n^{\alpha r}$. p où, $a_1^{\alpha 1}$ étant choisi, les facteurs a_2, $a_3 \dots a_n$ sont tels que :

$$a_n = \frac{\sigma_0\left(\prod_{r=1}^{n-1} a_r^{\alpha_r}\right)}{k_{n-1}} + \frac{\prod_{r=1}^{n-1} a_r^{\alpha_r}}{k_{n-1}}$$

avec :

- r suite d'entiers à partir de 1
- n suite d'entiers à partir de 2
- k_{n-1} dénominateur commun[47] de $\sigma_0\left(\prod_{r=1}^{n-1} a_r^{\alpha_r}\right)$ et $\left(\prod_{r=1}^{n-1} a_r^{\alpha_r}\right)$
- α_1, α_2, $\alpha_3 \dots \alpha_r$ soit entiers > 1 pairs[48], soit rationnels de type $1/2^m$ (m entier ≥ 0)[49].

La « construction » (par exploration des divers a_1 et α_1, α_2, $\alpha_3 \dots \alpha_r$ possibles) se poursuit jusqu'à ce qu'on trouve un nombre a_{n+1} du même type que ci-dessus, mais qui présente en plus les deux propriétés suivantes :

- le nombre $a_1^{\alpha 1}$. $a_2^{\alpha 2}$. $a_3^{\alpha 3} \dots a_n^{\alpha r}$ doit être en *proportion superparticulière* (c'est-à-dire réductible à un rapport $(s+1)/s$, s entier)[50] avec ses parties aliquotes :

---

47 k_{n-1} ne doit pas nécessairement être *le plus grand* dénominateur commun (PGCD), car « expliquer la proportion » n'implique pas nécessairement la réduire à ses termes *les plus petits*. Voir l'usage que Descartes fait de cette expression en sa *Géométrie*, AT VI 405, l. 7.

48 Même si le texte indique que chaque facteur peut être élevé à une puissance qui « peut être aussi […] cube, ou […] carré de carré, etc. ; et ce pourrait être ce même nombre, s'il était carré ; ou sa racine, s'il était carré de carré, etc. », il ne faut pas perdre de vue que c'est toujours le *carré* des nombres (de puissance quelconque) ainsi formés qui est pris en compte, avec ses parties aliquotes, pour former le facteur suivant.

49 Ce dernier cas correspond à la possibilité de ne retenir du nombre créé que « sa racine, s'il était carré de carré, etc. » Ce cas n'est pas pléonastique par rapport au cas où l'exposant est entier pair, car il accroît le nombre de a_n possibles, compte tenu de la manière dont ils sont définis ci-dessus.

50 k_n est donc ici PGCD, car il correspond au cas où les termes « expliquant la proportion » sont dans le rapport irréductible $(s+1)/s$ (s entier).

$$\frac{\sigma_0\left(\prod_{r=1}^{n}a_r^{\alpha_r}\right)}{k_n}+1=\frac{\prod_{r=1}^{n}a_r^{\alpha_r}}{k_n}$$

- a_{n+1} doit être *premier*

Si ces deux conditions sont remplies, on pose $p = a_{n+1}$, et le nombre $a_1^{\alpha 1}.\,a_2^{\alpha 2}\ldots a_n^{\alpha r}.p$ devrait, d'après Descartes, être *parfait impair*.

Sur le plan strictement mathématique, cet algorithme a ceci d'intéressant que, même s'il échoue à produire un nombre parfait impair, le nombre *intermédiaire* $a_1^{\alpha 1}.\,a_2^{\alpha 2}.\,a_3^{\alpha 3}\ldots a_n^{\alpha r}$ qu'il *vise* ou *tente de construire* pour y parvenir a des propriétés qui ne coïncident pas avec celles habituellement retenues dans l'étude des nombres parfaits. Au premier abord, ce nombre intermédiaire semble assez proche de ce qu'on appelle aujourd'hui un nombre *presque parfait*, c'est-à-dire un nombre n égal à la somme de ses parties aliquotes augmentée d'une unité :

$$n = \sigma_0(n)+1$$

Aujourd'hui les seuls nombres *presque parfaits* connus sont les puissances strictement positives de 2. Ainsi

$$2^1 = \sigma_0(2^1)+1 = 1+1$$
$$2^2 = \sigma_0(2^2)+1 = 3+1$$
$$2^3 = \sigma_0(2^3)+1 = 7+1$$
$$2^4 = \sigma_0(2^4)+1 = 15+1$$

$\ldots$

sont tous des nombres presque parfaits *pairs*. Le seul nombre presque parfait *impair* connu est :

$$2^0 = \sigma_0(2^0)+1 = 0+1$$

Mais on voit bien que le nombre intermédiaire visé par l'algorithme de Descartes peut satisfaire les égalités ci-dessus *à 1/k près*. On pourrait dire, si l'on nous prête l'expression, qu'il s'agit d'un nombre *n* « *proportionnellement presque parfait* », c'est-à-dire tel que :

$$\frac{n}{k} = \frac{\sigma_0(n)}{k} + 1 \quad k \, entier > 0$$

Les propriétés d'un tel nombre couvrent une classe plus large que la précédente, incluant non seulement les puissances de 2 ci-dessus (correspondant au cas où $k = 1$), mais aussi par exemple :

$$n = 2^1.5 \rightarrow \frac{n}{2^1} = \frac{\sigma_0(n)}{2^1} + 1 = 4 + 1$$

$$n = 2^2.11 \rightarrow \frac{n}{2^2} = \frac{\sigma_0(n)}{2^2} + 1 = 10 + 1$$

$$n = 2^3.23 \rightarrow \frac{n}{2^3} = \frac{\sigma_0(n)}{2^3} + 1 = 22 + 1$$

$$n = 2^4.47 \rightarrow \frac{n}{2^4} = \frac{\sigma_0(n)}{2^4} + 1 = 46 + 1$$

...

$$n = 2^2.13.17 \rightarrow \frac{n}{2^2} = \frac{\sigma_0(n)}{2^2} + 1 = 220 + 1$$

$$n = 2^3.17.139 \rightarrow \frac{n}{2^3} = \frac{\sigma_0(n)}{2^3} + 1 = 2362 + 1$$

$$n = 2^4.37.199 \rightarrow \frac{n}{2^4} = \frac{\sigma_0(n)}{2^4} + 1 = 7362 + 1$$

...

Le carré $n = 3^2.7^2.11^2.13^2$ dégagé par Descartes en novembre 1638 offre quant à lui un exemple de nombre « proportionnellement presque parfait » *impair* autre que le cas trivial $n = 1$. En effet :

$$n = 3^2.7^2.11^2.13^2 \rightarrow \frac{n}{3^2.7.13} = \frac{\sigma_0(n)}{3^2.7.13} + 1 = 11010 + 1$$

Ainsi le *Descartes' number* mis en évidence par les équipes de mathématiciens des universités du Missouri et de Caroline du Nord appartient à une classe de nombres tout à fait singulière qui, à notre connaissance, n'a jamais été étudiée comme telle. La question de savoir s'il existe d'autres nombres « proportionnellement presque parfaits » *impairs* est ouverte...

Ces brefs commentaires sur le contenu mathématique de l'algorithme proposé par Descartes nous conduisent à une première remarque concernant sa méthode face aux questions numériques. On voit que, même pour les questions de nombres ou d'arithmétique, la notion de *proportion* demeure au cœur de son approche. Comme le stipule le *Discours de la méthode*, « toutes ces sciences particulières, qu'on nomme communément mathématiques [...] encore que leurs objets soient différents [...] ne laissent pas de s'accorder toutes, en ce qu'elles n'y considèrent autre chose que les divers rapports ou proportions qui s'y trouvent[51] ». Dans le cas précis des sommes de parties aliquotes, c'est bien la *proportion* entre les nombres et la somme de leurs parties aliquotes qui, dès le début, retient l'attention de Descartes : « Il y a règle générale pour trouver des nombres qui aient avec leurs parties aliquotes telle proportion qu'on voudra, écrit-il à Mersenne en mai 1638, et si Gillot[52] va à Paris, je lui apprendrai avant que de l'y envoyer[53]. » La découverte d'une telle règle, si elle existe, ferait considérablement progresser la question des nombres parfaits. Mais Descartes a dû réaliser assez vite que la règle en sa possession[54] ne présentait pas le degré de généralité espéré. Trois

---

51 *Discours de la méthode*, AT VI, 19-20.

52 Jean Gillot, que Fermat appelait « l'écolier de M. Descartes » (A. Baillet, *op. cit.*, I, p. 394), avait reçu de lui une formation mathématique. Descartes le considérait comme « le premier et presque le seul disciple [qu'il ait] jamais eu, et le meilleur esprit pour les mathématiques » (*À Huygens*, 9 mars 1638, AT II 663). Il deviendra mathématicien du roi du Portugal (G. Rodis-Lewis, *op. cit.*, p. 141).

53 *À Mersenne*, 27 mai 1638, AT II 149.

54 D'après Dickson (*op. cit.*, p. 53), la règle évoquée par Descartes pourrait trouver son illustration dans le fragment « De la façon de trouver le nombre de parties aliquotes *in ratione data* » attribué à Descartes par Arbogast (Mansucrit Fonds-français, nouvelles acquisitions, N° 3280, ff. 156-157, Bibliothèque Nationale, Paris, publié par Charles Henri, *Bullettino di bibliografia e di storia delle scienze matematiche e fisiche*, vol. 12, 1879,

mois plus tard il prie en effet Mersenne de l'entretenir en « bonnes
grâces [auprès] de celui qui [lui] a donné [à Mersenne] les nombres dont
les parties aliquotes sont le triple ; il doit avoir une excellente arithmétique, puisqu'elle le conduit à une chose où l'analyse a bien de la peine
à parvenir[55] ». Il est vrai que, lorsque les proportions sont simplement
multiples[56], les choses s'enchaînent assez facilement. Descartes remarque
par exemple qu'en partant d'un nombre dont les parties aliquotes sont
le double, et qui est lui-même divisible par 3 mais non par 7, 9 ou 13
– c'est le cas de 120 = $2^3.3.5$, signalé par Mersenne en 1631 – il suffit
de multiplier ce nombre par 3.7.13 = 273 pour en obtenir un nouveau
dont les parties aliquotes sont le triple[57]. « Et je vous dirai que, par la
façon dont je cherche ces multiples, chaque trait de plume m'apprend
quelque théorème semblable[58]. » Mais à Frenicle, le 9 janvier 1639, il
« avoue que ces théorèmes considérés seuls sont peu de chose », et que
« ce n'est point par eux que j'opère, comme vous avez fort bien jugé[59] ».

L'algorithme de janvier 1639 est en effet de tout autre facture. On
pourrait dire, en reprenant la terminologie des *Regulae*, qu'au lieu de
suivre à travers une « proportion directe[60] » un ordre « nulle part inter-

---

p. 713-715). On y cherche un nombre qui serait avec la somme de ses diviseurs dans le
même rapport que 5 et 13. Le procédé consiste à tracer deux colonnes, à placer 5 dans la
première colonne, et σ(5) = 2.3 dans la seconde (la notation moderne σ(5) est ici ajoutée
pour plus de clarté). Le facteur 2 de σ(5) est ensuite placé plus bas dans dans la première
colonne, et σ(2) = 3 plus bas dans la seconde. Les deux facteurs restant dans la seconde
colonne (3 et 3) sont placés dans la première colonne sous la forme 3.3 = 9. Comme σ(9)
= 13 dans la seconde colonne correspond au σ(*n*) recherché, le produit 5.2.9 issu de la
première colonne est la solution pour *n*. Paul Tannery conteste l'attribution de ce procédé
à Descartes : « Je ne reconnais, malgré l'autorité d'Arbogast, ni le style, ni la manière de
Descartes [...] je croirais plutôt à des idées de Frenicle, peut-être arrangées par Mersenne
à sa façon. » (P. Tannery, « Les autographes de Descartes à la Bibliothèque nationale »,
Bulletin des sciences mathématiques, 2e série, 1re partie, vol. 15, 1891, p. 73).

55   *À Mersenne*, 23 août 1638, AT II 337.
56   *À Mersenne*, 13 juillet 1638, AT II 251.
57   Trois des nombres multiparfaits donnés en exemple par Descartes en juillet (AT II 250-
     251) résultent de l'application de cette règle, révélée seulement à Mersenne le 15 novembre
     1638 (AT II 427-428). Trois autres résultent d'une règle analogue révélée dans la même
     lettre de novembre : tout nombre dont les parties aliquotes sont le double et divisible par
     3 mais non par 5 ou 9 donnera, multiplié par 5.9, un nombre dont les parties aliquotes
     sont le triple (AT II 428).
58   *À Mersenne*, 15 novembre 1638, AT II 427-428.
59   AT II 474.
60   *Regulae*, XVIII, AT X 462.

rompu[61] », l'ordre y est « troublé et devient indirect[62] ». Tout d'abord, la question est laissée en suspens, ou du moins dans l'ambiguïté, de savoir si le premier facteur du nombre à construire est donné ou non. S'il est donné, il s'agirait du nombre 3. Mais Descartes laisse entendre[63] qu'on pourrait également essayer d'autres nombres. Par là la difficulté apparaît comme relevant d'une démarche « indirecte » dans la mesure où l'unité est certes fixée dès le départ, mais l'étape, le « degré » (*gradus*) qui suit immédiatement correspond déjà à une grandeur « cherchée », ou « inconnue[64] ». Deuxièmement, le nombre que construit l'algorithme est composé d'une quantité indéterminée de facteurs, eux-mêmes élevés à des puissances indéterminées. Ceci rappelle l'« autre genre de difficulté, plus embarrassé que les premiers » évoqué dans la règle 6 quand il est question d'« appliquer l'attention non point à un terme seulement ou à deux, mais à trois [...] et [qu']il est permis d'avancer encore plus loin[65] ». Troisièmement, la proportion recherchée est connue seulement par son *type* (superparticulier : $(s + 1) / s$), non par les grandeurs qui la constituent, ce qui nous renvoie au cas « où le diviseur n'est pas donné, mais désigné seulement par quelque relation[66] ». Enfin, l'ambition même de l'algorithme proposé ici, de construire un nombre qui serait en proportion superparticulière avec ses parties aliquotes *parce que* ses facteurs successifs sont à chaque fois la sommes de nombres exprimant la proportion entre le nombre formé précédemment et ses parties aliquotes, peut paraître démesurée. Pourtant tout se passe ici comme si, malgré l'enchevêtrement des difficultés, Descartes voulait mettre en place une *machine à produire une proportion superparticulière entre un nombre et ses parties aliquotes*, machine analogue, en un certain sens, à la figure instrumentale du compas à équerres glissantes de sa *Géométrie* qui devait permettre, pensait-il, de trouver « *autant* de moyennes proportionnelles *qu'on veut*[67] » entre deux grandeurs fixées.

---

61   *Ibid.*, XVII, p. 460.
62   *Ibid.*, XVIII, p. 463.
63   En écrivant : « Comme, ayant pris 3 pour le premier nombre... » (AT II, 476, l. 13-14).
64   *Regulae*, XVIII, AT X 462.
65   *Ibid.*, VI, p. 386. L'édition citée est celle des *Règles utiles et claires pour la direction de l'esprit en la recherche de la vérité*, trad. Jean-Luc Marion, notes mathématiques de Pierre Costabel, La Haye, Martinus Nijhoff, 1977, p. 20.
66   *Ibid.*, XVIII, AT X 467 (p. 467 de l'édition Marion et Costabel).
67   *Géométrie*, AT VI 442, c'est moi qui souligne.

Le procédé de Descartes soulève une autre question méthodologique concernant cette fois la nature de la « mise en algèbre » qui s'y opère. Descartes l'indique explicitement dans sa lettre à Frenicle : « [la façon dont j'opère] n'est autre chose que la même dont j'use en ma Géométrie, supposant des lettres pour les quantités ou nombres inconnus, et cherchant à en faire des équations avec quelques-autres nombres connus : ce qui se fait en tant de diverses façons, qu'il me serait malaisé de les expliquer ici plus en particulier[68]. » Bien que les façons de mettre en équation le connu et l'inconnu soient multiples et variées, on peut émettre une hypothèse sur l'une de ces façons à une certaine étape du raisonnement de Descartes. Le nombre $3^2.7^2.11^2.13^2.22021$, suggéré comme illustration, résulte peut-être lui-même d'une mise en équation. Le fragment *De partibus aliquotis numerorum* des *Excerpta mathematica*[69] nous apprend que Descartes connaissait[70] la formule liant un nombre $a.p^n$ et la somme $\sigma_0(a.p^n)$ de ses parties aliquotes si p est premier par rapport à a. Exprimée en notation moderne, la formule s'écrit :

$$\sigma_0\left(a.p^n\right) = \frac{\sigma_0\left(a\right).p^{n+1} + a.p^n - a - \sigma_0\left(a\right)}{p-1}$$

Si, maintenant, en cherchant un nombre $a.p^n$ *parfait* (c'est-à-dire $\sigma_0(a.p^n)$ = $a.p^n$) *impair*, on remplace dans la formule ci-dessus $\sigma_0(a.p^n)$ par $a.p^n$, et si l'on pose, comme il est demandé dans la lettre de novembre à Mersenne, que le nombre a est un « carré dont la racine [est] composée de plusieurs autres nombres premiers », par exemple $a = 3^2.7^2.11^2.13^2$, l'équation donne pour p la valeur entière 22021 (quand n = 1). On peut ainsi former le

---

68 À *Frenicle*, 9 janvier 1639, AT II 475. Voir aussi À *Mersenne*, 13 juillet 1638, AT II 250 : « Pour la façon dont je me sers à trouver les parties aliquotes, je vous dirai que ce n'est autre chose que mon Analyse, laquelle j'applique à ce genre de questions, ainsi qu'aux autres ; et il me faudrait du temps pour l'expliquer en forme d'une règle, qui put être entendue par ceux qui usent d'une autre méthode. »

69 AT X 300-302.

70 Cette formule découle de deux autres relations énoncées (sans démonstration) dans le même fragment. Roshdi Rashed a montré que ces deux relations étaient déjà démontrées au XIIIe siècle, notamment par Kamāl al-Dīn al-Fārisī. Ainsi l'application de l'algèbre au domaine traditionnel de l'arithmétique euclidienne « n'est nullement l'apanage des mathématiciens de cette époque, et [...] est en fait un acquis du XIIIe siècle, au moins » (R. Rashed, « Nombres amiables, parties aliquotes et nombres figurés aux XIIIe et XIVe siècles », *Archive for history of exact sciences*, vol. 28, 1983, p. 128-130).

« nombre de Descartes » $3^2.7^2.11^2.13^2.22021$, composé d'un carré $3^2.7^2.11^2.13^2$ = 9018009 en proportion superparticulière avec la somme de ses parties aliquotes = 9017190, à condition d'entendre la proportion superparticulière au sens classique[71] de ce qui peut être *réduit* au rapport $(s+1)/s$:

$$(9018009 : 819) : (9017190 : 819) :: 11011 : 11010$$

Mais comment faire pour trouver un autre nombre impair du même type, et dont la somme des deux termes exprimant sa proportion avec ses parties aliquotes donnerait en plus un nombre premier ? Ce qui frappe ici, c'est la révision à la baisse des exigences cartésiennes en matière de traitement analytique du problème. En juillet 1638, Descartes avait décrit la règle euclidienne de construction de nombres parfaits pairs en ces termes : « [Euclide] fait examiner tous les nombres qui suivent de l'unité en proportion double, jusqu'à ce qu'on en trouve un, duquel ôtant l'unité, le reste soit un nombre premier[72] ». Descartes évoquait cette règle pour illustrer le fait qu'il « arrive souvent aux questions de nombres, qu'on ne les peut pas si entièrement déterminer par règles, qu'il n'y reste à chercher quelque chose par induction[73] ». Euclide aurait dû, ajoutait-il, « donner un moyen pour excepter tous ceux qui, étant diminués d'une unité, ne deviennent pas nombres premiers[74] ». Six mois plus tard, ce qui était reproché à Euclide est devenu défaut véniel, ou passage obligé. Descartes reconnaît que son propre procédé d'« invention » de nombres parfaits impairs conduit à essayer « peut-être quantité de nombres, avant que d'en rencontrer qui produisent ainsi un nombre parfait[75] ». L'induction, parfois réduite à sa fonction récapitulative ou vérificative, simple « enquête attentive et exacte de tout ce qui est au regard de la question proposée, [pour] que nous en concluions que nous n'avons rien omis par mégarde[76] », apparaît ici comme un réel moyen

---

71   Par exemple chez Boèce, « un nombre est [superparticulier] toutes les fois que, comparé à un autre, il contient en lui-même ce nombre plus petit tout entier et une [seule] partie de ce nombre [plus petit] » (*Institution arithmétique*, trad. J.-Y. Guillaumin, Paris, Les Belles Lettres, 1995, p. 50).

72   *À Mersenne*, AT II 254-255. La règle d'Euclide est exposée au livre IX, prop. 36 des *Éléments*.

73   *À Mersenne*, AT II 254.

74   *Ibid.*, p. 255.

75   *À Frenicle*, 9 janvier 1639, AT II 477.

76   *Regulae*, VII, AT X 388 (p. 23 de l'édition Marion et Costabel).

de recherche et de découverte[77], non pas détaché mais allié, auxiliaire des procédés analytiques de mise en algèbre[78]. Peut-être la valeur heuristique de l'induction apparaît-elle déjà dans ce passage des *Regulae* où, pour parler des « deux actions de notre entendement par lesquelles nous pouvons parvenir à la connaissance des choses[79] », l'édition latine de 1701 et le manuscrit acheté par Leibniz en 1670 donnent tous deux *intuitus* et *inductio*. La version corrigée par Leibniz du même manuscrit barre puis rétablit *inductio*; seule la traduction néerlandaise de 1684 par Glazemaker donne *afleiding*, c'est-à-dire *deductio*, comme il est explicitement indiqué en marge[80]. Même si la plupart des commentateurs choisissent de retenir la leçon *deductio*, Jean-Luc Marion et Pierre Costabel[81], s'inspirant notamment de Geneviève Rodis-Lewis[82], proposent de retenir *inductio*. Aujourd'hui le débat n'est pas clos[83].

Un autre trait frappant de l'algorithme de Descartes est qu'il n'intègre tout simplement pas le nombre trouvé deux mois plus tôt, en novembre 1638. Plus précisément, il ne permet pas de reconstituer sa partie carrée $3^2.7^2.11^2.13^2$. Le facteur 7, par exemple, n'est pas la somme de deux nombres exprimant la proportion entre 3^2 et ses parties aliquotes, ni entre $3^2.11^2$ et ses parties aliquotes, et ainsi de suite. Il en va de même pour le facteur 11. Descartes propose donc un procédé ne permettant pas de construire le nombre qu'il a lui-même trouvé précédemment, pourtant si proche de ce

---

77 N'excluant pas le dénombrement, « car ce n'est point chercher à tâtons que de considérer les parties aliquotes d'un nombre, lorsque la question le requiert » (AT II 503).

78 Ici l'induction relaie pour ainsi dire l'analyse. Bien sûr la façon dont se fait ce relais peut varier selon les problèmes. Robert Vidal remarque par exemple, à propos des deux premiers problèmes posés par Étienne Pascal et Roberval (voir ici même, note 135) que « Descartes n'utilise pas pour sa démonstration le développement de $(2x + 1)^2 - 1$ qui le conduirait pourtant rapidement au résultat. Il procède [...] par induction en considérant les premiers exemples [...] ». (R. Vidal, *Étude historique et critique de méthodes de démonstration en arithmétique*, Thèse de Philosophie, Université Lyon III, 2005, p. 278-279.)

79 *Regulae*, AT X 368 (p. 8 de l'édition Marion et Costabel).

80 Sur tout ceci, voir *Règles utiles et claires pour la direction de l'esprit en la recherche de la vérité*, trad. Jean-Luc Marion, notes mathématiques de Pierre Costabel, *op. cit.*, p. 117-118.

81 *Ibid.*

82 G. Rodis-Lewis, *L'œuvre de Descartes*, Paris, Vrin, 1971, p. 171 et 502 (n. 57).

83 Voir en particulier Robert C. Miner, « The Baconian matrix of Descartes' *Regulae* », *in Descartes and cartesianism*, Nathan D. Smith et Jason P. Taylor éds., Cambridge, Cambridge Scholars Press, 2005, p. 9 et suiv.; Diego Donna, *Induzione, enumerazione e modelli della spiegazione scientifica. Il metodo di Descartes dagli studi di ottica alla fisica dela luce (1618-1637)*, Thèse de Philosophie, Università di Bologna, 2008, p. 80 et suiv.

qu'il cherche. Si, d'autre part, on considère que les nombres parfaits pairs ne vérifient que la partie la plus élémentaire de l'algorithme, puisqu'ils sont formés d'*une seule* puissance de 2 (non de *plusieurs* facteurs élevés à diverses puissances, comme le prévoit l'algorithme) multipliant un nombre premier égal à la somme *de cette puissance et de ses parties aliquotes* (non à la somme des nombres *exprimant la proportion* entre le nombre formé précédemment et ses parties aliquotes), force est de constater qu'on se trouve en présence d'une tentative de généralisation très peu assurée et qui ne vaut pas pour tous les cas examinés jusqu'à présent. Descartes est à vrai dire coutumier de ce genre de saut, ou de supposition. Il a parfaitement intégré l'adage que « du faux on peut tirer le vrai ». Non seulement la fausseté des suppositions n'empêche point que ce qui en est déduit puisse être vrai[84], mais une hypothèse fausse a parfois plus de puissance que des principes trop simples ou trop généraux[85]. L'hypothèse peut être fausse : c'est l'exploration de ses contraintes qui est intéressante, dans la mesure où celles-ci permettront peut-être de déduire ou de découvrir quelque chose de vrai. Risquer une généralisation non pour ce qu'elle a de vrai, mais pour ce qu'elle a de contraignant, c'est ce que faisait déjà en certains endroits la *Géométrie*[86]. Mais il est vrai que c'est surtout dans l'exploration du monde *matériel* que Descartes recourt à ce type de supposition, « imitant en ceci les astronomes, qui, bien que leurs suppositions soient presque toutes fausses ou incertaines, toutefois, à cause qu'elles se rapportent à diverses observations qu'ils ont faites, ne laissent pas d'en tirer plusieurs conséquences très vraies et très avisées[87]. » Ainsi l'exploration de l'univers des nombres participerait de celle de la matière, dans la mesure où elle pourrait se faire à l'aide d'hypothèses ou de procédés parfois fort éloignés de la « vérité » ? Cette façon de faire n'est pas si étrange, si l'on considère que « l'ordre et le nombre ne diffèrent pas en effet des choses ordonnées et nombrées, mais [...] sont seulement *des façons* sous lesquelles nous considérons *diversement* ces choses[88]. » L'attitude au fond très pragmatique

---

84 *Principes*, III, a. 47.

85 *Principes*, III, a. 45. Bien sûr ce procédé n'a pas la valeur d'une règle certaine, mais il permet en particulier de se défaire de ses préjugés : AT VII 523-524.

86 Comme lorsqu'il est question de « concevoir une infinité [de règles] qui se poussent consécutivement » au sein d'un compas à équerres glissantes (AT VI, 391), afin de « trouver autant de moyennes proportionnelles qu'on veut » (AT VI, 442).

87 *Dioptrique*, AT VI 83.

88 *Principes*, I, a. 55, AT IX 49. Voir aussi *Le Monde ou Traité de la lumière* : les philosophes « ne doivent pas aussi trouver étrange, si je suppose que la quantité de la matière que j'ai décrite,

que Descartes adopte pour résoudre les questions de nombres confirme en tout cas que la méthode, pour lui comme pour beaucoup de ses contemporains, a avant tout valeur *heuristique*[89].

Peut-être peut-on, alors, ébaucher une dernière piste de réflexion en se demandant jusqu'où cette heuristique peut aller ? Jusqu'à quel point l'exploration des nombres peut-elle se nourrir d'une expérience pour ainsi dire « physique » ou « sensible » de ce qui nous touche, nous enveloppe, sans s'imposer à nous dans son indubitable clarté ou « vérité » ? Revenons sur l'attention toute spéciale que Descartes accorde à la proportion superparticulière dans la construction d'un hypothétique nombre parfait impair. L'intérêt pour la *ratio superparticularis* ou *epimorios logos* n'est certes pas neuf. Il s'inscrit dans la continuité d'une tradition qui remonte à Archytas de Tarente[90], Nicomaque de Gérase[91], Boèce[92], pour n'évoquer que ses principaux relais. De manière générale, la théorie des proportions ne nous renseigne pas sur l'*existence* des choses, mais joue un rôle unificateur et clarificateur quant à ce qui les *relie*. Comme l'indique Proclus, « les théorèmes relatifs aux rapports épimores, épimères[93], et rapports opposés à ceux-ci [comptent parmi] les théorèmes qui considèrent d'une manière générale et commune ce qui est égal et inégal, non pas en tant que cela existe dans les figures, les nombres et les mouvements, mais en tant que chacune de ces choses possède d'elle-même quelque nature qui leur soit commune et rende sa connaissance plus claire[94]. » Mais le moins qu'on puisse dire, à propos du problème des nombres parfaits impairs, est qu'il n'est pas si clair. Ici, c'est plutôt l'*obscurité* ou la *difficulté* du problème qui conduit à réactiver une certaine forme de proportion en vue de trouver, peut-être, un

---

ne diffère pas non plus de sa substance, que le nombre fait des choses nombrées » (AT IX, 36).

89 À l'époque de Descartes la méthode « dirige l'heuristique », remarque Catherine Goldstein : elle stimule la fabrication d'une règle puis de solutions, mais ne se confond pas avec le moment d'exposition de ces solutions « dans un langage commun à tous les correspondants du réseau » (C. Goldstein, « L'arithmétique de Pierre Fermat dans le contexte de la correspondance de Mersenne : une approche microsociale », *Sciences et techniques en perspective*, 2e série, 8, 2004, p. 31).

90 Cité par Boèce, *De institutione musica*, III, 11.

91 *Introductio arithmeticae*, en particulier I, 19.

92 *De institutione arithmetica*, en particulier II, 24.

93 Le rapport épimère (*epimerês* en grec, *superpartiens* en latin), réduit à ses termes les plus petits, est de type $(p+m)/p$.

94 Proclus de Lycie, *Les commentaires sur le premier livre des Éléments d'Euclide*, trad. et notes de Paul Ver Eecke, Paris, Blanchard, 1948, p. 4-5.

lien qui autrement semble hors d'atteinte. Il n'est pas sûr, au demeurant, que cette obscurité ait tellement ennuyé ou découragé Descartes. Comme souvent chez lui la difficulté, l'inconnu, le doute constituent un puissant stimulant, un ressort voire une base pour la pensée. La manière même dont il exprime, en 1638, sa résolution de se détourner des mathématiques pour étudier les choses directement utiles à la vie laisse percer le plaisir qu'il a pu prendre, et peut prendre encore, à explorer les nombres. Tandis que la géométrie est devenue une « science à laquelle [il fait] profession de ne vouloir plus *étudier*[95] », les questions de nombres sont, à la même époque, des problèmes auxquels il fait « profession de ne vouloir pas [s'] *amuser*[96] ». On pourrait faire un pas de plus, et se demander si l'exploration de l'univers des nombres comme s'il s'agissait d'un monde matériel n'a pas rendu Descartes singulièrement sensible, réceptif aux résonances et consonances que lui renvoie ce monde. Ne peut-on chercher, non seulement dans la matière des nombres, mais aussi dans la manière dont nous éprouvons celle-ci, dans les passions qu'elle excite en nous, une source d'inspiration ? Le seul endroit du corpus cartésien, en dehors de la lettre à Frenicle, où il est question de *proportion superparticulière* est le *Compendium musicae*. On sait l'importance des proportions superparticulières en musique. Les longueurs respectives de deux cordes vibrant ensemble entrent dans des rapports perçus ou définis comme « consonants » s'ils correspondent aux rapports superparticuliers de l'octave (2/1), de la quinte (3/2), de la quarte (4/3), voire des tierces majeure (5/4) et mineure (6/5). L'accent mis sur tel ou tel rapport, et la façon de le subdiviser, varient selon les écoles et les traditions[97]. Gioseffo Zarlino, le premier à compter les tierces majeure et mineure parmi les consonances, insiste sur le fait que seul le nombre *parfait* 6 « permet de retrouver toutes les consonances musicales simples en acte, et les composés encore en puissance[98] ». Descartes, qui cite pourtant

---

95   À *Mersenne*, 27 mai 1638, AT II 149, c'est moi qui souligne.

96   À *Mersenne*, 31 mars 1638, AT II 91, c'est moi qui souligne.

97   Par exemple, la musique occidentale procède plutôt par combinaison des valeurs absolues de certains intervalles comme le ton majeur (9/8), le ton mineur (10/9) et le demi-ton diachronique (16/15), tandis que la musique arabe privilégie certains types de rapports (superparticuliers) applicables à une multiplicité d'intervalles possibles. Pour plus de détails voir Fabien Lévy, *Complexité grammatologique et complexité aperceptive en musique*, Thèse de Musicologie, EHESS, 2004.

98   G. Zarlino, *Le istitutioni harmoniche* [1558], I, 14-16, cité par Brigitte Van Wymeersch, *Descartes et l'évolution de l'esthétique musicale*, Sprimont, Mardaga, 1999, p. 41.

Zarlino dans son *Compendium musicae*[99], déclare quant à lui « démontrer[100] » que « les accords les plus parfaits naissent de la proportion multiple », non des proportions « superparticulière, ou multiple et superparticulière ensemble[101] ». Ainsi, dans l'accord 5/1, la proportion est « certainement plus facile à distinguer » que dans les accords 5/2 et même 5/4, car la répétition de la plus petite partie permet de retrouver le tout « sans qu'il ne reste rien à la fin », tandis qu'avec les autres proportions, il reste une partie « sur laquelle il faut encore réfléchir pour connaître la proportion[102] ».

Cependant, remarque-t-il, ce qui *plaît* non pas tant aux sens mais à l'âme est précisément ce qui « n'est pas si facile à percevoir que le désir naturel qui porte les sens vers les objets ne soit pas entièrement comblé, ni également si difficile qu'il ne fatigue le sens[103] ». Ainsi l'importance de la proportion superparticulière dans les nombres parfaits, si difficiles à découvrir mais si passionnants à rechercher, a peut-être quelque chose à voir avec le rôle central que joue cette même proportion en musique, tant pour les sens que pour l'âme. L'exploration cartésienne des nombres parfaits se nourrit peut-être d'une intuition qu'on pourrait qualifier de « musicale » : l'intuition, sans doute partagée par d'autres[104], que la musique constitue, comme le dira Leibniz, une « arithmétique occulte[105] ».

Benoît TIMMERMANS
FNRS – Université Libre
de Bruxelles

---

99 *Compendium musicae*, AT X 134.

100 *Compendium musicae*, AT X 108-110 : à propos de l'examen des ditons (tierces pythagoriciennes) du premier (5/4), deuxième (5/2) et troisième (5/1) genres.

101 *Ibid.*, AT X 109.

102 *Compendium musicae*, AT X 109-110.

103 *Ibid.*, AT X 92 (cité dans la traduction de Frédéric de Buzon : *Abrégé de musique*, Paris, Presses Universitaires de France, 1987, p. 58). Descartes reproduit ce passage dans sa lettre à Mersenne du 18 mars 1630, AT I 133.

104 Sur le fragment manuscrit « De la façon de trouver le nombre de parties aliquotes *in ratione data* » attribué à Descartes par Arbogast, Paul Tannery remarque « quelques combinaisons de lettres, inscrites au verso de la main de Mersenne et qui paraissent se rapporter à la musique » (P. Tannery, *op. cit.*, p. 72).

105 *Extrait du Dictionnaire de M. Bayle*, GP IV, 551.

DEUXIÈME PARTIE

PHILOSOPHIE
DES MATHÉMATIQUES CARTÉSIENNES

DESCARTES ET LA PHILOSOPHIE
DES MATHÉMATIQUES

Dans *Philosophie des mathématiques*[1], nous avons essayé de déterminer la posture générale et l'agenda de la philosophie des mathématiques, tout en la justifiant au sein de la philosophie. Voici, en substance, sous une forme très condensée, le résultat obtenu.

La philosophie des mathématiques est une part nécessaire de la philosophie parce que celle-ci tente sa pensée absolument générale et englobante de la *chose* à partir de la démarche universelle de la mathématique envers l'*objet*. Ce que nous appelons ici la chose est l'entité absolument quelconque pas tout à fait bien individuée, que l'on a du mal à détacher du fond sur lequel elle se montre, de la conscience qui la pense, du langage qui la nomme. Une entité qui, donc, n'est pas assimilable aux objets bien découpés dont traite avec succès une mathématique parvenant à en décliner une connaissance universelle et classificatrice : à la suite de Platon, nous considérons que le geste fondamental de la philosophie est celui de tenter de prolonger une telle pensée universelle et classificatrice à ces choses a priori récalcitrantes. Toute philosophie est ainsi amenée à s'interroger sur la limite de la chose à l'égard de l'objet, mais elle devient philosophie des mathématiques proprement dite lorsque, pensant cette limite, elle questionne simultanément l'identité de la mathématique. Ce travail lui-même passe en principe par cinq questions, dont chacune met en jeu tout à la fois la limite de la chose et de l'objet et l'identité de la mathématique, à savoir 1) la question de la démarcation philosophie/mathématiques ; 2) la question du statut de l'objet mathématique (notamment de son idéalité) ; 3) la question de la démarcation logique/mathématiques ; 4) la question de l'historicité du mathématique ; et 5) la question de la géographicité de la mathématique.

---

1   *Cf.* Salanskis, J.-M., *Philosophie des mathématiques*, Paris, Vrin, 2008.

On peut se demander, en général, comment ce schéma se trouve affecté lorsque nous tentons de l'appliquer à ces quelques noms exceptionnels qui sont à la fois des noms de « grands » mathématiciens et de « grands » philosophes : Descartes, Pascal et Leibniz à première vue. Parmi ces cas, celui de Descartes est sans doute le plus caractéristique : il semble à la fois mathématicien et philosophe en un sens absolument canonique, ce qui serait un petit peu moins clair chez Pascal pour la philosophie, et chez Leibniz pour la philosophie et pour les mathématiques, le génie disproportionné de l'homme faisant éclater les costumes standard des deux disciplines.

Dans le principe, notre détermination *a priori* de la philosophie des mathématiques nous autorise à concevoir qu'un philosophe-mathématicien ne s'engage pas dans la philosophie des mathématiques. Son identité à lui conjugue, dans cette hypothèse, les identités de la philosophie et de la mathématique, mais il n'use pas de la première pour interroger la seconde. Pourtant, selon notre schéma, il doit, comme philosophe, être concerné à sa manière par la limite de la chose à l'égard de l'objet, et en offrir un traitement intellectuel : on peut trouver étrange que, pour autant, il ne conjugue pas, avec une telle réflexion et un tel traitement, l'interrogation sur une possibilité humaine que pourtant il incarne, et qui lui est donc éminemment familière.

Nous voudrions essayer, dans ce qui suit, d'analyser un peu ce problème dans le cas de Descartes, de manière extrêmement partielle et insuffisante en raison de notre manque d'information. Nous nous appuierons, pour commencer, sur quelques éléments de l'affaire cartésienne rencontrés au cours de notre travail antérieur. Puis nous tenterons, de manière spéculative et contestable, de confronter Descartes à chacune des cinq questions.

DESCARTES ET L'INFINI

Nous évoquerons ici simplement la manière dont Descartes traite de l'infini dans la troisième méditation métaphysique. L'argument dit ontologique, dans la forme « l'idée de Dieu en moi doit avoir été déposée par un être ayant les propriétés que je pense en elle », se trouve en effet pour ainsi dire répété et décalé à propos de l'infini : dans une sorte d'opération de dé-théologisation et d'abstraction, Descartes énonce l'argument à propos de l'Infini plutôt qu'à propos de Dieu. D'où la formulation :

> [...] car encore que l'idée de la substance soit en moi de cela même que je suis une substance, je n'aurais pas néanmoins l'idée d'une substance infinie, moi qui suis un être fini, si elle n'avait été mise en moi par quelque substance qui fût véritablement infinie[2].

Levinas a fait usage de cette reprise pour y saisir un mode exceptionnel de la « pensée assiégée » qui fait signe vers la relation éthique, selon lui[3]. Mais, comme lecteur, nous pouvons aussi entendre cette reprise comme celle du mathématicien : ce que dit le philosophe de Dieu concerne aussi l'athéisme mathématique qui rejette l'infini. Nous allons nous attacher à le lire plutôt de cette seconde manière ici.

Dans ce passage, le premier élément frappant est que Descartes affirme que notre idée de l'infini est « claire et distincte » : elle satisfait au critère dit de la « règle générale », qui fonde la certitude cartésienne, même s'il ne la garantit pas suffisamment. Descartes écrit :

> Elle [n.d.l.r. l'idée de l'infini] est aussi fort claire et fort distincte, puisque tout ce que mon esprit conçoit clairement et distinctement de réel et de vrai, et qui contient en soi quelque perfection, est contenu et renfermé tout entier dans cette idée.

Il poursuit :

> Et ceci ne laisse pas d'être vrai, encore que je ne comprenne pas l'infini et qu'il se rencontre en Dieu une infinité de choses que je ne puis comprendre, ni peut-être atteindre aucunement de la pensée : car il est de la nature de l'infini que, moi qui suit fini et borné, ne le puisse comprendre ; et il suffit que j'entende bien cela et que je juge que toutes les choses que je conçois clairement, et dans lesquelles je sais qu'il y a quelque perfection, et peut-être aussi une infinité d'autres que j'ignore, sont en Dieu formellement ou éminemment, afin que l'idée que j'en ai soit la plus vraie, la plus claire ou la plus distincte de toutes celles qui sont en mon esprit[4].

---

2   *Cf.* Descartes, R., *Œuvres de Descartes, vol. 2*, Paris, J. Gibert, 1950 [OD], p. 127-128.
3   *Cf.* Levinas, E., *Totalité et infini*, La Haye, Martinus Nijhoff, 1961, p. 18-23.
4   *Cf.* OD, p. 128-129.

Où il apparaît que cette idée est claire et distincte en deux sens :

1. D'un côté, j'appréhende de façon claire et distincte que toute conception finitaire claire et distincte s'intègre à la conception de l'infini : c'est ainsi que j'interprète le « [...] tout ce que mon esprit conçoit clairement et distinctement de réel et de vrai, et qui contient en soi quelque perfection, est contenu et renfermé tout entier dans cette idée. »

2. De l'autre côté, j'ai une vision tout aussi claire et distincte de l'excès de l'infini sur moi, sur le fini à ma mesure. Je comprends l'infini comme hors de ma compréhension, mais comme exerçant sa propre compréhension à l'égard de toutes les finités, et me permettant de les comprendre de façon claire et distincte par là même.

En d'autres termes, le « clair et distinct » de la pensée de l'infini n'est pas directement intentionnel (au sens husserlien). Il est le clair et distinct d'un certain rapport à une classe de contenus intentionnels clairs et distincts d'un côté, le clair et distinct d'un excès de l'autre.

Enfin, d'un second côté, Descartes élabore de façon explicite la distinction entre infini actuel et infini potentiel. Lisons-le à nouveau :

> Toutefois, en y regardant un peu de près, je reconnais que cela ne peut être ; car, premièrement, encore qu'il fût vrai que ma connaissance acquît tous les jours de nouveaux degrés de perfection et qu'il y eût en ma nature beaucoup de choses en puissance qui n'y sont pas encore actuellement, toutefois, tous ces avantages n'appartiennent et n'approchent en aucune sorte de l'idée que j'ai de la divinité, dans laquelle rien ne se rencontre seulement en puissance, mais tout y est actuellement et en effet. Et même n'est-ce pas un argument infaillible et très certain d'imperfection en ma connaissance, de ce qu'elle s'accroît peu à peu et qu'elle s'augmente par degrés ?

Il poursuit :

> Davantage, encore que ma connaissance n'augmentât de plus en plus, néanmoins je ne laisse pas de concevoir qu'elle ne saurait être actuellement infinie, puisqu'elle n'arrivera jamais à un si haut point de perfection qu'elle ne soit encore capable d'acquérir quelque plus grand accroissement[5].

L'enseignement est, sans doute, au moins triple :

---

5   *Cf.* OD, p. 129.

1. D'abord, Descartes décèle la forme de l'infini potentiel, et la rattache de façon privilégiée à l'ouverture de notre connaissance : j'ai une pensée de la quantité qui s'augmente indéfiniment en restant dans le fini, par excellence ma connaissance m'apparaît sous un tel visage.

2. Deuxièmement, il marque « absolument » l'irréductibilité de l'infini *stricto sensu* à cet infini potentiel (c'est ce qu'énonce la dernière phrase de la citation).

3. Troisièmement, il raccorde la pensée de l'infini actuel et celle de l'infini potentiel par le désir, entrevoyant par là une « priorité » de l'infini à l'égard du fini. Comme il l'écrit encore

> [...] puisqu'au contraire je vois manifestement qu'il se rencontre plus de réalité dans la substance infinie que dans la substance finie, et partant que j'ai en quelque façon premièrement en moi la notion de l'infini que du fini, c'est-à-dire de Dieu que de moi-même : car comment serait-il possible que je puisse connaître que je doute et que je désire, c'est-à-dire qu'il me manque quelque chose et que je ne suis pas tout parfait, si je n'avais en moi aucune idée d'un être plus parfait que le mien, par la comparaison duquel je connaîtrais les défauts de ma nature[6] ?

Mais ce désir, motivé par la perception claire du manque, est ce qui guide l'accroissement de la connaissance évoqué à l'instant.

On peut simplement commenter ce passage dans la perspective du débat contemporain sur l'infini, en ayant à l'esprit le modèle de l'affrontement de Brouwer et Hilbert. Ce qui, à cet égard, me semble clair, c'est que Descartes, s'il suit la voie cantorienne de la position de l'infini actuel, se refuse visiblement à le faire en coupant les ponts du sens avec la pensée du fini et de l'infini potentiel : d'une part la pensée de l'infini actuel est la pensée de l'inclusion de toute finité, et c'est à cet égard qu'elle est claire et distincte, d'autre part la progressivité indéfinie de la déterminité finie du savoir fournit au fini un « tendre vers » l'infini, *tendre vers* lui-même compris comme lié à un désir « octroyé » par l'infini. En bilan, la position de Descartes, ramenée au référentiel contemporain, me paraît assez proche de ce qui est appelé méta-constructivisme dans *Philosophie des mathématiques* : en substance une conception qui reconnaît la différence et la fondamentalité de la connaissance constructive, mais qui assume que la connaissance mathématique intègre et dépasse celle-ci au niveau d'une théorie infinitaire.

---

6 *Cf.* OD, p. 128.

CONSTRUCTIVISME CARTÉSIEN

Le propos est ici de rendre compte d'un développement sur Descartes que j'ai proposé dans *Le constructivisme non standard* (Presses du Septentrion, 1999), en me fondant sur les analyses de Lachterman dans la section « Descartes revolutionary paternity » de son ouvrage de 1989 *The Ethics of Geometry* (Londres, Routledge).

Lachterman voit dans Descartes le père du motif « constructionnel » : l'idée d'une existence humaine qui est essentiellement construction de soi, table rase, idée moderne par excellence, consommant la rupture avec les anciens, et trouvant dans les mathématiques son territoire natif d'expression, ainsi que sa base opérationnelle. Pour Lachterman, la pensée plus récente du « postmoderne » n'est qu'une écume de la « mer » moderne.

Il revient donc à la construction en mathématiques et à son rôle dans la vision cartésienne. Il essaie de la saisir en partant de l'interprétation cartésienne de l'invention, de l'introduction de nouveauté. Selon Lachterman, pour Descartes, l'invention suppose que le nouveau soit identifié comme tel, et qu'il procède, en quelque sorte, d'un geste auto-suffisant. Du coup, il assigne à l'invention deux conditions : l'économie ou la simplicité relative des moyens et le caractère ordonné de l'enchaînement[7].

L'idée, en fait, est celle d'une invention au fil de laquelle ma pensée n'est pas dépossédée, n'est pas envoyée hors d'elle-même par ce qu'elle atteint : elle le trouve à une place dans un système qu'elle sait reconnaître, et au bout d'un enchaînement ordonnés de gestes qui ont été constamment à la mesure d'un problème.

C'est ce dernier point qui est important : Descartes refuse que l'on utilise une courbe du quatrième degré pour résoudre un problème essentiellement quadratique (du second degré). Il défend donc un « grand principe » de l'heuristique mathématique, que l'on peut formuler comme suit : la résolution d'un problème ne doit pas nous emmener, par les moyens et le langage qu'elle met en œuvre, au-delà de « l'espace du problème ». Ce principe peut conduire, par exemple, à ne pas se satisfaire

---

7   *Cf.* Lachterman, D. R., *The Ethics of Geometry*, London, Routledge, 1989, p. 159.

des preuves digressives contemporaines, comme la preuve historique du théorème de Dirichlet passant par la théorie des fonctions analytiques. Il semble correspondre au moins en partie à l'idée de preuve « pure », que l'on peut faire remonter à Aristote si j'ai bien compris, et que les logiciens contemporains ressaisissent de façon technique, par exemple avec l'exigence de preuves possédant la propriété de la sous-formule.

Mais le point le plus frappant, c'est que ce type de « constructivisme » se relie chez Descartes avec l'idée brouwerienne d'une « objectivité constructive » toujours à la mesure des actes du mathématicien, du moins on peut le présumer dans la mesure où Descartes insiste sur la condition de sérialité des moyens ou démarches, sur la possibilité des dénombrements qui épuisent, etc. (et, je pense, il faut ici évoquer les *Regulae* pour être pleinement convaincant).

L'intersection des deux aspects du constructivisme est exprimée philosophiquement de façon séduisante par Lachterman : il importe pour Descartes, selon lui, que le mathématicien *sache toujours où il en est*. L'objet inconstructible (infini ?) ou la preuve échappant à l'espace du problème seraient deux circonstances qui égarent la pensée du mathématicien, lui font perdre ses appuis.

Descartes aurait donc vu, de manière profonde, le caractère double du constructivisme, qui est à la fois une méthode et le choix pour un type intentionnel de l'objet : et ce, au nom de la revendication « moderne » d'une rationalité qui se possède elle-même et ne se laisse pas déboussoler.

RÉFLEXIONS SUR LES *REGULAE*

On peut commencer par relever la manière dont Descartes valide l'idée du privilège de la mathématique à l'égard de la recherche de la vérité :

> Ceci nous montre clairement pourquoi l'arithmétique et la géométrie sont beaucoup plus certaines que toutes les autres sciences ; c'est que leur objet, à elles seules, est si clair et si simple qu'elles n'ont besoin de rien supposer que l'expérience puisse révoquer en doute, et qu'elles ne consistent entièrement que dans des conséquences à déduire par les voies du raisonnement. Elles sont donc les plus faciles et les plus claires de toutes les sciences, et leur objet est

tel que nous le désirons, puisque, à moins d'inadvertance il semble à peine possible à un homme de s'y égarer[8].

Les mathématiques sont plus claires et plus fiables parce qu'elles consistent dans le seul raisonnement, et n'ont pas recours une expérience qui est le lieu par excellence du doute : qui est sa propre critique en quelque sorte. Les mathématiques fixent ainsi le modèle de la recherche de la vérité au sens où ceux qui en font profession ne peuvent plus admettre, les ayant connues, de se contenter de certitudes plus faibles que les certitudes mathématiques. Nous avons là une variante du mot d'ordre platonicien : au lieu qu'il s'agisse par principe d'élargir au domaine vaste (celui des « choses » en notre sens) une maîtrise universelle dont le type est acquis en mathématiques, il s'agit de prolonger autant qu'il est possible (sans doute pas à tout) une certaine plénitude de la certitude. Le principe platonicien originaire est impérialiste, mais il accepte par avance, il me semble, que la « couverture » intellectuelle des domaines extra-mathématiques soit seulement *analogue* à celle des domaines mathématiques : en particulier qu'elle n'en garde pas le mode d'exactitude et d'indubitabilité caractéristiques du domaine de l'objet (au sens où je le prends). Le principe cartésien n'est pas impérialiste, il paraît autoriser que l'on renonce à conquérir des vérités de bonne facture dans certains domaines (trop « confus »). Mais il se refuse par avance à toute concession sur l'exactitude et l'indubitabilité : disons que Descartes, à cet endroit, paraît proche de Frege et Russell plutôt que de Platon.

Très peu après ce passage, nous trouvons la désignation par Descartes des deux sortes d'actes susceptibles de conduire à une vérité dont la certitude soit en effet de qualité maximale : les actes d'*intuition* et de *déduction*. Notons au passage que ce qui s'appelle *facultés* chez Kant s'appelle *actes* chez Descartes. Faut-il y voir le pragmatisme, ou même l'empirisme d'un penseur qui ne souhaite pas thématiser la pensée au niveau modal (impliqué dans la notion de faculté), ainsi que la démarche transcendantale le veut ?

Étrangement pour nous, l'intuition n'est pas définie par Descartes en opposition à la logique :

> J'entends par intuition [...] la conception d'un esprit sain et attentif, si facile et si distincte qu'aucun doute ne reste sur ce que nous comprenons ; ou bien,

---

8   *Cf.* OD, p. 11-12.

ce qui est la même chose, la conception ferme qui naît dans un esprit sain et attentif des seules lumières de la raison[9].

L'intuition est peut-être un voir, mais c'est le voir du concevoir rationnel lui-même. Elle préside aussi à ce que nous rattacherions à la catégorie des *inférences* :

> Or ce n'est pas seulement dans les propositions, mais dans toute espèce de raisonnement, que l'intuition doit avoir cette évidence et cette certitude. Ainsi, par exemple, étant donné ce résultat : deux et deux font la même chose que trois et un, non seulement il faut voir intuitivement que deux et deux font quatre et que trois et un font aussi quatre, mais encore que la troisième proposition est la conséquence nécessaire des deux autres[10].

Où il apparaît que 2+2=4 d'une part, 3+1==4 d'autre part, sont pris comme des résultats d'intuition, mais aussi l'inférence

$$\frac{2+2=4 \qquad 3+1=4}{2+2=3+1}$$

Le régime intuitif commande de façon conjointe l'application de la règle logique concernant l'égalité et la vision des faits arithmétiques primitifs.

Du coup, on se demande comment Descartes distingue la déduction de l'intuition. Lui-même pose la question (« On se demandera peut-être pourquoi j'ai ajouté à l'intuition une autre manière de connaître, qui consiste dans la déduction, opération par laquelle nous comprenons toutes les choses qui sont la conséquence nécessaire de certaines autres dont nous avons une connaissance sûre[11] »). La réponse paraît être que la déduction est le mode intellectuel qui ajoute la puissance de la mémoire à l'intuition claire et distincte :

> Nous distinguons donc l'intuition de la déduction certaine, parce que, dans la déduction, on conçoit un mouvement ou une certaine succession, au lieu que dans l'intuition il n'en est pas de même, et qu'en outre la déduction n'a pas besoin, comme l'intuition, d'une évidence présente, mais qu'elle emprunte plutôt, en quelque sorte, toute sa certitude à la mémoire[12].

---

9   *Cf.* OD, p. 14.
10 *Cf. idem.*
11 *Cf.* OD, p. 14-15.
12 *Cf.* OD, p. 15.

Nous l'avons vu, le « pas inférentiel » relève pour Descartes de l'intuition. La déduction n'a donc aucune différence qualitative avec l'intuition, elle est seulement le tour qui permet d'exploiter de l'intuition ancienne au sein d'un mouvement, de transporter la force de l'intuition le long du temps, la libérant du même coup du besoin de la présence.

Il me semble difficile de ne pas entendre une telle description comme consonant avec le point de vue « constructif » sur la logique, tel que l'expriment de façon contemporaine la BHK-explication et après elle la correspondance de Curry-Howard. Lorsque nous envisageons une preuve d'un théorème de la logique intuitionniste comme correcte dans le système de la déduction naturelle, cela « veut dire » qu'un lambda-terme explicite le procès de production de la preuve de l'énoncé concerné à partir de preuves données des prémisses engagées dans sa preuve. Le lambda-terme, en somme, restitue l'histoire de la propagation intuitive à partir des prémisses. Il n'y a donc, en un sens, que l'intuition constructive, d'un bout à l'autre de la démarche mathématique : lorsqu'elle ne dévoile pas directement l'objet en tant qu'elle le construit, elle rend raison de la production du dévoilement d'une conclusion à partir de ses prémisses. Descartes, dans notre texte, ne thématise pas le lien de l'intuition avec l'action, qui est à la racine de la notion post-brouwerienne de construction, mais pour le reste, sa perspective me semble la même.

Ce sentiment d'ensemble nous paraît conforté par la prise en considération de la règle VII et de la règle XIII par exemple, l'une commandant d'embrasser les objets de la recherche dans une synopsis structurante, l'autre préconisant le travail analytique sur toute question, afin d'arriver à une énumération d'items tombant sous une telle synopsis. On trouve donc chez Descartes la vision forte d'un noyau de la rationalité qui est à la fois combinatoire, constructif, analytique et intuitif : d'un noyau qui enveloppe en tant que tel le plan du logique, et qui procure à l'esprit le lieu et le moyen de son auto-repérage.

Compléments :

La règle XI nous enseigne que, pour Descartes, ce qui distingue la déduction de l'intuition est le mouvement de l'esprit, mais que la première retourne à la seconde dans la mesure où l'on envisage le mouvement inférentiel comme accompli :

> La déduction au contraire, si nous en examinons la formation comme dans la règle trois ne paraît pas opérer toute entière dans le même temps ; mais elle implique un certain mouvement de notre esprit inférant une chose d'une autre ; aussi avons-nous eu raison de la distinguer de l'intuition. Mais si nous la considérons comme faite, d'après ce que nous avons dit à la règle septième, elle ne désigne plus aucun mouvement, mais le terme d'un mouvement ; c'est pour cela que nous supposons la voir par intuition quand elle est simple et claire, mais non quand elle est multiple et enveloppée[13].

Ici, on pense à nouveau à la BHK-explication et à la correspondance de Curry-Howard, ou à la notion générale de construction et d'arbre relatant la construction d'un objet constructif. Selon le point de vue de la BHK-explication ou de la correpondance de Curry-Howard, une preuve est d'un côté une suite d'étapes, de l'autre un "mouvement de calcul" qui traverse et enveloppe toutes ces étapes, les synthétisant (dans le lambda-terme final, qui "résulte" en quelque sorte) : et toute notation globale de ce mouvement lui confère une teneur intuitive. De même, un objet constructif est lié à un mouvement, dont l'arbre fait l'historique : mais le mouvement est en même temps l'actualisation résultante offerte à l'intuition comme telle[14].

Il semble également utile de dire quelque chose en complément de la notion cartésienne d'*énumération*, qui s'ajoute en quelque sorte à l'intuition et la déduction comme facteur de connaissance et de vérité. Cette notion est présentée par la règle VII : « *Pour l'accomplissement de la science, il faut, par un mouvement continu de la pensée, parcourir tous les objets qui se rattachent à notre but, et les embrasser dans une énumération suffisante et méthodique* ».

L'énumération me semble avoir une triple valeur chez lui : 1) d'un côté, elle est la synthèse des étapes déductives, ou leur parcours « synoptique » : 2) d'une seconde manière, elle est le parcours totalisant de l'espace du problème, nous permettant d'être sûr que nous nous sommes donné les moyens de sa résolution si du moins celle-ci est possible ; 3) d'une troisième manière, elle est l'induction au sens usuel, c'est-à-dire l'affirmation que l'on a couvert un domaine à partir du traitement effectif de quelques-uns de ses items.

---

13 *Cf.* OD, p. 43.
14 Ce qui précède recoupe mes analyses dans *Modèles et pensées de l'action* (Salanskis, J.-M., Paris, L'Harmattan, 2000) : dans cet ouvrage je décris la construction comme "action" au sens de ma définition générale, en voyant dans la dualité exposée à l'instant la continuité entre impulsion et résultat exigible de toute action comme telle (*cf. op. cit.*, p. 26-32).

À l'appui du 2), le plus important peut-être :

> L'énumération ou induction est donc la recherche de tout ce qui se rattache
> à une question donnée, et cette recherche doit être si diligente et si soignée
> que l'on puisse en conclure avec évidence et certitude que nous n'avons rien
> omis par notre faute ; en sorte que si, malgré l'emploi que nous en aurons
> fait, la chose cherchée nous échappe, nous soyons du moins plus savants,
> en ce que nous saurons fermement que pas une des voies connues ne pour-
> rait nous conduire à la découverte de cette chose, et que si par aventure,
> comme il arrive souvent, nous avons pu parcourir toutes les voies qui y
> conduisent, nous puissions affirmer hardiment que la connaissance en est
> au-dessus de l'intelligence humaine[15].

On voit donc bien que ce contrôle de l'espace du problème contient
le droit de conclure à l'irrésolubilité : on est à certains égards déjà dans
les prérogatives ou les compétences d'une métamathématique.

Au début de l'exposé présentant et justifiant la règle, Descartes
présente un cas où le mathématicien arrive à penser le rapport de deux
extrêmes à partir du rapport de chaque couple d'éléments contigus, cas
qui, selon ce qu'il me semble, se ramène à celui d'une inférence complexe
reconduisant par synthèse et mouvement continu à une intuition (ainsi
qu'on vient de le voir).

Reste le rapport avec l'induction au sens usuel : il apparaît dans le cas
où je ne peux épuiser le champ du problème qu'au plan catégoriel, où il
m'est impossible de parcourir effectivement tous les items. Je maîtrise
néanmoins une solution justifiée en faisant recours à des exemplaires
de toutes les catégories pertinentes. Le raisonnement implicite étant :
la « faute de logique » liée à l'emploi d'un cas particulier n'en est une
que si celui-ci porte une catégorie ou qualité distinctive qu'il pourrait
ne pas porter, ce qui est susceptible d'invalider la preuve ; mais si j'ai
énuméré toutes les catégories, ce problème disparaît. (Ici, on pourrait
confronter avec la règle de V-introduction en déduction naturelle[16]).

En tout cas, le point à retenir, c'est que dans cette notion d'énumération
se superposent chez Descartes les deux aspects du « constructivisme » :
1) confiance privilégiée accordée aux objets qui se tiennent au bout d'une

---

15   *Cf.* OD, p. 28-29.
16   La règle qui autorise, lorsque, dans une déduction, on est arrivé à quelque chose de la
      forme *P(y)*, à écrire V*x P(x)*, pourvu que *y* n'intervienne pas de façon libre dans une
      prémisse active.

construction nôtre ; 2) aspiration à des preuves qui se tiennent dans l'espace des problèmes (ce qui signifie, peut-être forcément, recherche d'un contrôle métathéorique de la preuve).

Tentons, à l'issue de ces quelques évocations cartésiennes, de revenir sur le problème posé au début de cette intervention.

LE MODE PHILOSOPHANT DE DESCARTES À L'ÉGARD DES MATHÉMATIQUES

Nous pourrions commencer par essayer de dire quelques mots de l'attitude de Descartes par rapport à nos cinq questions, en faisant fond sur nos connaissances insuffisantes.

DÉMARCATION DE LA MATHÉMATIQUE ET DE LA PHILOSOPHIE

La première, rappelons-le, est celle de la démarcation entre mathématiques et philosophie. Nous avons déjà abordé la question lorsque nous avons cité Descartes privilégiant le mode de certitude qu'offrent les mathématiques. Ajoutons maintenant la citation suivante, dont notre commentaire, à vrai dire, tenait déjà compte :

> Concluons de ce qui précède, non pas il est vrai qu'il faut apprendre l'arithmétique et la géométrie seulement, mais que ceux qui cherchent le droit chemin de la vérité ne doivent s'occuper d'aucun objet dont ils ne puissent avoir une certitude égale aux démonstrations de l'arithmétique et de la géométrie[17].

Le remarquable de la pensée de Descartes, avions nous dit, est qu'il ne reprend pas littéralement la posture platonicienne : celle-ci prescrit à la philosophie la recherche d'une prise universelle analogue à celle du savoir mathématique, mais au-delà du domaine de celle-ci, vis-à-vis du champ de la chose plutôt que celui de l'objet.

Descartes, de son côté, semble vouloir prolonger plutôt le mode de certitude propre à la mathématique, son exactitude et son indubitabilité :

---

17   *Cf.* OD, p. 12.

il s'agit de ne traiter que des objets qui permettent celles-ci. Dans les termes mis en avant ici, Descartes paraît vouloir une philosophie qui ne prenne pas en charge la chose, qui ne s'occupe que de l'objet. Il reconnaît bien quelque part une « limite », le fait que tout ne soit pas d'emblée justiciable de l'exactitude mathématique, mais paraît recommander l'abstention à l'égard de tout thème n'autorisant pas cette exactitude. La philosophie égalée à la recherche de la vérité en général prolongerait alors sans reste et sans faille le mode de certitude de la mathématique. Son but serait la réduction de l'au-delà de l'objet, l'éradication militante du champ de la chose.

De fait, dans sa pratique, Descartes aborde des lieux franchement extérieurs au domaine mathématique, ou même qui paraissent de prime abord récalcitrants à l'exactitude : mais il a la prétention de reconduire à leur sujet le mode de certitude inentamable, dont, une fois que l'on y a goûté, l'on ne saurait se passer. Nous avons rencontré un exemple de cela lorsque nous l'avons vu traiter de l'infini : d'une manière assez « contre-intuitive », il qualifie l'idée de ce dernier de « claire et distincte », voire, maximalement claire et distincte.

De ce que nous avons lu des *Regulae*, il semble ressortir que la voie de la prolongation du mode de certitude au-delà des objets mathématiques proprement dits, chez lui, est celle des énumérations épuisant les catégories découpant un domaine : par leur entremise, on reste exact à l'égard de ce que l'on ne contrôle pas au sens individuel et précis.

À ce qui précède, j'ai envie d'associer ce que je ne connais que par ouï-dire, et qui concerne la « doctrine des vérités éternelles ». Celle-ci enseigne que Dieu aurait pu faire que deux plus deux ne fissent pas quatre. Indépendamment de cette doctrine, on a souvent remarqué que la « règle générale » posant que tout ce que nous concevons clairement et distinctement est vrai, requiert en fin de compte un supplément de fondation procuré par Dieu : c'est finalement lui qui nous garantit, en tant que non trompeur, que ce qui est opiné par nous sur la base d'une conception claire et distincte est bien le cas. La lumière sur l'être jetée par notre raisonnement le plus pur, cela même qui confère à la certitude mathématique sa suprématie, n'est en fait pas une lumière suffisante : il faut la garantie divine en plus. Et, du coup, notre sentiment du clair et distinct semble avoir sa racine ou sa force en lui plutôt qu'en nous : il est donc logique d'imaginer que la mathématique procède en fait de *sa* décision, et qu'il nous a seulement créés sous la dépendance de l'ordre choisi lui. S'il avait fait que deux et deux fissent cinq, notre conception claire et distincte penserait 2+2=5.

Cette condition de clôture, cette clause fondationnelle « métaphysique », je peux l'interpréter, il me semble, en disant que la réductibilité *a priori* de toute chose à un objet, au sens qui est le mien, est garantie *a priori* par Dieu. Il ne reste plus alors qu'une « chose » pour la pensée, Dieu lui-même : Descartes, et c'est ce qui a intéressé Levinas, insiste sur le fait que son idée nous dépasse. Pourtant, même à cet endroit, l'argument ontologique établit une sorte de court-circuit étrange : il semble que nous puissions arriver à une certitude de cette « chose » peu favorable au mode de certitude mathématique *par la voie de la pensée claire et distincte*. L'unique « chose » ne serait donc « chose » que dans son *quid*, mais pas dans son *quod* (et encore, Descartes, nous l'avons vu aussi, estime que nous savons situer et caractériser avec certitude l'excès même de son *quid*).

Le bilan serait que Descartes, en fait, s'attache fort peu à concevoir et réfléchir la frontière entre mathématiques et philosophie, pas plus qu'il ne consent à penser la limite de la chose à l'égard de l'objet. Il cherche plutôt une continuité et une homogénéité à soi de l'entreprise rationnelle, consistante, d'ailleurs, avec son allégeance à une métaphysique et sa référence à l'arbre de la connaissance dans la lettre à Mersenne. Son idée de la prolongation, non pas du regard universalisant de la mathématique sur un mode analogique, mais du mode de certitude exact même de celle-ci, anticipe si l'on veut la redéfinition de la philosophie comme « philosophie exacte » par le courant analytique. Sauf que, ce qu'il veut prolonger dans son mode de certitude, c'est tout de même l'arithmétique et la géométrie : des discours qui fréquentent un certain objet, plutôt que la logique, ayant pour thème l'être vrai lui-même et non pas un quelconque objet.

En d'autres termes : sur cette question de la démarcation, Descartes a fort peu l'attitude de la philosophie des mathématiques. Nous devons en effet reconnaître que, pensant à peine la démarcation des mathématiques et de la philosophie, il pense encore moins l'identité de la mathématique à travers le discernement de cette démarcation.

L'OBJET ET SON STATUT

Y a-t-il, dans ce que nous avons relevé chez Descartes, des éléments concernant la question de l'objet mathématique et de son statut ?

Déjà, nous venons de voir que, selon Descartes, c'est l'objet qui dicte un certain mode de certitude : le philosophe engagé dans la recherche de la vérité doit s'abstenir de tout objet qui n'autoriserait pas la sorte de certitude expérimentée en mathématiques. Par ailleurs, le lieu mathématique est identifié par lui comme celui de l'arithmétique et de la géométrie : la division en deux domaines de la mathématique correspond à un double type d'objets (le nombre et l'espace ou la figure, respectivement). Donc, nous pouvons à tout le moins enregistrer ceci que la mathématique est, à ses yeux, liée à des objets spéciaux qui sont les objets mathématiques, objets éminents en ce qu'à leur sujet s'élèvent spontanément des conceptions claires et distinctes.

Mais, en même temps, selon ce que nous avons vu, cela ne veut pas dire pour Descartes que l'objet doive être conçu comme l'objet intentionnel d'une telle sorte de conception. Descartes, apparemment, pense que certains objets appellent et favorisent la conception claire et distincte, et d'autres non (ou moins), mais il ne pense pas pour autant que des objets auraient leur essence dans la relation « claire et distincte » à eux qui est la nôtre (idée contemporaine, toujours inspirée par la phénoménologie ?). La déduction, l'intuition, l'énumération sont des modes de l'entendement, quelque part possibles vis-à-vis de tout objet (il n'y a pas de chose), même si les objets traditionnels de la mathématique ont inspiré la collaboration de ces modes dans des conceptions claires et distinctes plus et mieux que nulle part ailleurs : ils ne leur appartiennent pas pour autant, et surtout ces modes ne sont pas pré-impliqués dans notre acceptation même de ces objets comme objets mathématiques (ainsi que je soutiens en revanche, dans la perspective d'une phénoménologie transcendantale, que certains modes d'approche le sont pour l'objectivité constructive aussi bien que pour l'objectivité corrélative).

Nous remarquons encore que l'infini, s'il est pensé « assez loin » comme l'infini mathématique de manière contemporaine (et même assez près du sens vrai de l'infini tel que décrit suivant mon option « méta-constructiviste[18] »), n'est apparemment pas pris comme infini

---

18 C'est-à-dire l'infini en tant qu'enveloppement de la classe ouverte des constructions.

mathématique. Le pas consistant à intégrer l'infini comme objet mathématique n'est pas franchi. L'infini reste l'attribut de Dieu : quelque chose
qui, « dépassant » la conception – néanmoins claire et distincte – que
nous en professons, possède son site « au-delà », du côté de celui qui
est la raison de sa conception en nous. La question du statut de l'objet
mathématique infinitaire (question contemporaine, à nouveau), ne peut
donc pas surgir. On devrait ici, pensons-nous, compliquer la réflexion
en évoquant ce que Descartes peut dire du continu, qui intervient
notamment dans sa conception des courbes géométriques. Mais nous
avouons notre ignorance.

Le point le plus intéressant serait au fond de savoir quelle est la position philosophique de Descartes à l'égard de la question de l'idéalité de
l'objet mathématique. Dans ce qui a été lu, n'affleurait aucune reprise ou
relance du motif platonicien de l'idée, et encore moins dans sa version
contemporaine où l'idéalité est celle du *type* affrontant la matérialité de
l'*occurrence*. Pourtant, les objets mathématiques, le nombre et la figure,
sont par excellence pour Descartes objets que seule voit une inspection
de l'esprit, objets d'entendement en quelque sorte. En ce sens il leur
reviendrait une sorte d'« idéalité », les différenciant relativement aux
objets sensibles : une idéalité reflétant et transposant l'immatérialité
de la pensée, la différence de la substance pensante. Celle-ci, à son tour,
renverrait à Dieu à travers l'interprétation cartésienne de « l'homme
est à l'image de Dieu ». Mais un tel raisonnement a le défaut de passer
implicitement par une interprétation intentionnelle des objets, dont
nous avons vu qu'elle n'était pas ici correcte.

Dans les conditions cartésiennes en tout cas, j'ai l'impression que
la différence des « objets d'entendement » par rapport aux objets sensibles ne pose pas de problème épistémologique[19] : côté ontologie, Dieu
ou le dualisme de la pensée et de l'étendue offre une place à des tels
objets, côté épistémologie, nous sommes équipés de l'âme, qui nous
rend capable par définition de voir ce qui a son site en Dieu ou en sa
différence. En telle sorte que la relation à des objets idéaux ne peut pas
« sortir » comme un propre de la mathématique. L'écart qu'il y a entre
la « chose » sauvage, mal individuée mal détachée mal stabilisée, et
l'« objet idéal », bien individué mais idéal et infinitaire, objet comme

---

19 Comme il advient, typiquement, dans le raisonnement de Benaceraff : si les objets mathé-
    matiques sont idéaux, comment avons nous accès à eux et pouvons nous les connaître ?

l'objet le plus ordinaire, objet logique, mais pas chose, n'est donc pas l'occasion pour lui de penser l'identité de la mathématique : une fois de plus, la conclusion est que Descartes ne fait pas de philosophie des mathématiques.

LOGIQUE ET MATHÉMATIQUES

On doit donc, pour continuer d'appliquer notre grille, interroger Descartes sur l'idée qu'il se fait de la distinction ou de la non distinction entre mathématiques et logique. Nous serons seulement en mesure, sur un tel sujet, de faire quelques remarques décousues et peu certaines de toucher juste.

D'abord le « prototype » ou le « parangon » de l'activité intellectuelle sollicitant ou défiant toute recherche de la vérité – et notamment la recherche philosophique – est clairement désigné comme les mathématiques plutôt que la logique, ainsi qu'il a été déjà vu. La « conception claire et distincte » et le genre de certitude qu'elle procure sont ce que nous avons appris des mathématiques. On pourrait dire, bien entendu, que ce point est seulement historique : l'idée que la logique pourrait désigner un espace de certitude en amont des mathématiques, exempt de ce qui dans celles-ci donne matière à controverse, est sans doute une idée contemporaine. Notons tout de même que Kant, à la fin du XVIIIe siècle déjà, est en mesure d'opposer et distinguer mathématiques et logique.

Lorsqu'on lit Descartes et qu'on le voit distinguer l'intuition et la déduction comme source de certitudes, on peut croire saisir une « version » de la distinction entre mathématiques et logique. Mais il n'en est rien : l'intuition est une intuition d'entendement chez lui, et la déduction est la même chose que l'intuition, avec la « potentialisation » par la mémoire en plus. Alors que chez Kant, la démarcation entre logique et mathématiques est soutenue par la distinction entre les facultés représentatives que sont l'intuition et l'entendement[20], chez Descartes, nous n'avons pas un support de démarcation de la même espèce.

La description de la méthode de la certitude faisant intervenir intuition, déduction et énumération, cela dit, n'est pas « logique » au sens contemporain du *logos* réglé. Elle ne met pas en exergue non plus les

---

20   *Cf.* notamment le point 4 de l'exposition métaphysique de l'espace dans la seconde rédaction, concernant l'infini de l'espace ; *cf.* Salanskis, J.-M., *L'herméneutique formelle*, Paris, Klincksieck, 2013, p. 34-35.

fonctions de la prédication relationnelle, de la connexion interpropositionnelle vérifonctionnelle et de la quantification, comme la logique accédant enfin à son essence avec Frege le fait. Cette méthode a plutôt comme agent unique et prépondérant la supervision, l'*Übersicht* hilbertienne : une *Übersicht* qui est aux prises avec le multiple des objets et le temps. C'est à l'impossibilité de tout saisir synoptiquement d'un coup que suppléent la déduction et l'énumération (y compris lorsque celle-ci est catégorisante).

Le « noyau » à partir duquel Descartes pense ce que nous avons envie d'appeler le logico-mathématique semble donc quelque chose comme l'intelligence constructive au sens de Brouwer réduite à sa fonction synoptique (et privée de sa composante constructive-récursive). Ce noyau correspond à une sorte de proto-mathématique de l'évidence synoptique, dans l'élément de laquelle la différenciation méthodologique d'un pôle langagier de la logique ne se justifie pas.

Encore une fois, dans un tel schéma, la différence entre chose et objet paraît ne pas émerger : ce que la synopsis fondamentale fréquente ne possède jamais le sens indiscipliné de la *chose*. La problématique du format logique de l'objet, c'est-à-dire de ce qui compte comme objet – si peu assuré ou déterminé soit-il selon notre accès à lui – simplement parce qu'il est pris comme adapté aux fonctions logiques du jugement, cette problématique faisant aussitôt resurgir la question de la chose en liaison avec le langage (soit que l'on estime que nulle chose ne saurait déroger à ce format logique de l'objet, soit que l'on tente de concevoir la démarche générale conceptualisant l'objet logique comme déjà en prise sur la chose, soit que l'on cherche à repérer la chose comme excédant le format logique), ne saurait il me semble émerger dans la démarche cartésienne.

Autant dire qu'une fois de plus, il semble n'y avoir aucune raison sérieuse de classer la réflexion philosophique de Descartes dans ces matières comme réflexion de philosophie des mathématiques.

HISTORICITÉ DE LA MATHÉMATIQUE

Traiter de cette question requiert, à l'évidence, un vrai connaisseur de Descartes. Dans ce qui a été vu, rien ne semble témoigner d'une vision cartésienne du mouvement historique de l'objet, du langage, du problème dans la mathématique.

Le seul élément qu'on pourrait faire valoir, c'est celui que je tiens de la lecture du *Ethics and Geometry* de David Lachterman, à nouveau. Celui-ci, je le rappelle, utilise en quelque sorte Descartes comme père fondateur de la « modernité », et contraste pour cette raison son « éthique de la géométrie » avec celle des anciens (Euclide étant le nom propre symétrique de celui de Descartes). L'analyse de Lachterman tend à montrer que la notion de construction change du tout au tout, entre Euclide et Descartes. Chez Descartes, le motif constructif ou constructionnel en mathématiques n'est qu'un cas, bien que ce soit un cas exemplaire, d'un motif plus général de la table rase et de la reconstruction du monde qui est celui de la modernité. Discontinuité, rejet de la tradition et de l'autorité, volonté de recommencement faisant de chaque sujet l'origine pertinente de soi en tant qu'il se construit : en mathématiques, un tel principe prévaut naturellement dans la mesure où les vérités ne sont elles-mêmes que dans et par la réactivation claire et distincte à l'intérieur de chaque esprit. La « construction », si elle n'est pas le mode de donation du seul objet inaliénable comme chez Brouwer, sera néanmoins l'acte logique d'une conscience placée en posture d'originarité. Nous avons vu qu'elle caractérise chez Descartes la démarche d'un sujet qui veut toujours savoir où il en est dans son savoir. À l'inverse, selon Lachterman, la construction (toujours géométrique, en l'espèce) chez les anciens est une procédure rituelle à la faveur de laquelle s'effectue le passage du maître au disciple : ce dernier « construit » sous le regard et la garantie du premier, et se réapproprie le savoir géométrique de la sorte. La construction est le motif d'un solipsisme méthodologique avec Descartes, le rite d'une tradition et d'une école avec Euclide et les anciens.

Bien entendu, tout cela n'est pas la vision par Descartes de l'historicité du mathématique, mais plutôt la manière dont il y contribue, dont il y fait date. Le paradoxe nous semble en l'occurrence le suivant : de quelque manière qu'il faille prendre l'insistance cartésienne sur la méthode, et bien que son discours, pour ce que nous en savons, n'aille jamais jusque dans de telles eaux, il paraît inévitable qu'elle doit entraîner du côté mathématique, à l'occasion, une révision de l'objet. Ou encore, il nous semble difficile de nier qu'une telle insistance installe une atmosphère qui met l'objet à la merci de la méthode, de la démarche et de ses règles. Selon Lachterman, on en a un premier exemple avec la décision cartésienne de rejeter hors géométrie certaines courbes, qui ne satisfont pas au « principe de maîtrise » inhérent à la méthode.

Mais l'historicité qui fait passer d'une primauté et d'une gouvernance de l'objet mathématique à la primauté de la méthode et de ses règles, historicité à laquelle il semble bien que Descartes, pour autant que les mathématiques sont concernées, prenne part, paraît manifester l'inverse de ce que juge Lachterman : pour lui Descartes rompt avec les coordonnées subjectives de la mathématique dans l'école. En fait, le clivage peut sans doute être éclairé de la manière suivante : à l'époque antique, l'activité mathématique se tient dans les limites d'une école qui est aussi une tradition fidèle, mais l'objet y vaut comme premier, l'école est celle de ceux qui font cercle autour de sa révélation ; à l'époque moderne et avec Descartes, l'objet dépend d'une « école » de type nouveau, toujours déjà éclatée auprès des divers individus qui en assument la méthode.

Disons, donc, que Descartes, vu sous l'angle suggéré par Lachterman, reflète un aspect général de l'historicité de la mathématique, mais sans le thématiser : voilà qui serait un nouveau signe, patent et fort, de ce qu'il n'interroge pas l'identité de la mathématique sur le mode de la philosophie des mathématiques.

GÉOGRAPHICITÉ DE LA MATHÉMATIQUE

À nouveau, la discussion sérieuse de ce point demanderait une connaissance de Descartes qui nous fait défaut. Nous avons déjà relevé, cela dit, que Descartes mentionne la division la plus traditionnelle de la mathématique, entre arithmétique et géométrie : il la prend comme allant de soi, et plus spécialement, comme identifiant le domaine. La mathématique, avec son type exceptionnel de certitude, est conjuguée avec cette duplicité de branches, elle est la même dans cette diversité interne, elle s'affiche dans l'unité et l'unicité qui sont les siennes au sein de l'ensemble du savoir sous ce titre double. Ce simple point signale que la géographicité de la mathématique participe, aux yeux de Descartes, de son essence.

Maintenant, une fois de plus, nous pouvons compter Descartes non pas pour la manière dont il thématise la mathématique, mais pour la contribution qu'il y fait, c'est-à-dire notamment pour la manière dont il les change. De ce point de vue, il est irrésistible d'évoquer l'invention de la géométrie de coordonnées, qu'on lui attribue généralement.

Dans *Philosophie des mathématiques*, nous relions cet événement à une redistribution générale qui met en avant les nouveaux noms de branche analyse et algèbre, noms de méthode plutôt que noms de régions objectives, à la différence de arithmétique et géométrie[21]. *Analyse* et *algèbre* nommant d'ailleurs plus ou moins la même attitude méthodologique, celle qui passe par la mise à plat littérale des problèmes, leur décomposition rigoureuse, ou leur traitement caculatoire-équationnel (alors que les deux mots, suivant un destin étrange, sont appelés dans le futur à être associés de nouveau à des régions, celles des structures opératoires et des structures topologiques en substance). La géométrie de coordonnées est alors une opération qui « ramène » dans la méthode analytico-algébrique l'ancienne région géométrique : ou du moins qui, la ramenant dans la région arithmétique, la rend justiciable de la méthode en cause. Une traduction opérant d'un lieu de l'ancien partage vers l'autre s'avère le moyen de la soumission de l'ensemble de la mathématique aux nouvelles figures méthodiques.

Reste que, revenant à ce qui était indiqué dans la rubrique précédente, il manque ici une juste évaluation de la perception par Descartes de ce qui distingue l'élément géométrique comme tel. Pour le peu que nous en sachions et comprenions, il pourrait être un des premiers à avoir identifié le continu comme ce qui hante la géométrie alors que l'arithmétique n'est pas directement concernée par lui. La géométrie de coordonnées serait alors un premier pas vers la « domestication » du continu : celle-ci suppose, en fin de compte, la théorie de R, qui se rattache à l'analyse. La rationalité sous-jacente à R, une fois disponible, ne vaut pas comme « arithmétique » ou même « algébrique » : elle devient plutôt significative d'une région, selon les termes déjà employés, celle de l'*analyse*, qui hérite de la question du continu.

Les réflexions déjà évoquées de Descartes sur ce qui est courbe et ce qui n'est pas courbe relèveraient de la géographicité des mathématiques : il s'agirait d'une réflexion sur la limite légitime de la géométrie, ou sur les limites de la traductibilité vers l'algébrico-analytique du géométrique. Réflexion qui, à l'arrière-plan, engage le continu, ce que la mathématique peut en dire et en faire.

Disons que, dans sa façon d'intervenir au niveau de la géographicité de la mathématique, Descartes se rapporte à un continu fonctionnant comme *chose* en notre sens.

---

21 *Cf. op. cit.*, p. 179-181.

CONCLUSION
(EN MODE D'OUVERTURE ET DE PERPLEXITÉ)

Peut-on essayer, en conclusion, de répondre à la question posée initialement ? À savoir : cela introduit-il une différence significative, pour la posture de la philosophie des mathématiques, que le philosophe considéré soit un mathématicien ?

Si l'on s'en tenait au cas de Descartes, on a l'impression que l'on devrait répondre que, de ce que le philosophe est un mathématicien, il résulte que ce philosophe n'est pas philosophe des mathématiques. Mais bien sûr, c'est peut-être à tort qu'on extrapolerait une loi à partir de cet unique cas. À vrai dire, les cas indiscutables, comme nous l'avions vu, sont si peu nombreux que leur évaluation est manifestement incapable de simplement suggérer une loi.

Si l'on essaie d'aborder la question de manière conceptuelle et a priori, plutôt, on voit bien deux éléments chez Descartes qui paraissent responsable de sa non entrée dans la problématique de la philosophie des mathématiques :

1. son sentiment extrêmement fort que les mathématiques sont un modèle rationnel pour la philosophie ;
2. l'adoption par lui d'une philosophie de type métaphysique.

Le premier point est subtil et mérite d'être bien compris. Selon l'analyse ici défendue, il appartient à toute philosophie de chercher à traiter de la chose en prolongeant à elle le mode de « saisie universelle » que permet la mathématique. Mais cela ne signifie pas pour autant nécessairement transposer à l'identique la méthode mathématicienne au domaine de la chose. Dans le cas général, on philosophera en cherchant à dominer a priori l'infinité des variantes de la chose, à déterminer ses divisions catégoriales par exemple, mais sans la traiter comme un objet mathématique parmi d'autres, sans user à son sujet des voies logiques techniques ou des voies calculantes de la mathématique. En revanche, l'idée du « modèle rationnel » enveloppe peut-être celle de conserver le régime discursif de la mathématique en « passant » à la philosophie.

Or, ce qui est en tout cas clair, c'est que pour se poser les questions de limite et de légitimité concernant la relation de la chose à l'objet, il est absolument besoin de ne pas habiter la méthode mathématicienne : si on le fait, en effet, cela ne revient-il pas *eo ipso* à ravaler la chose au range d'objet ? Il nous a semblé à vrai dire que telle était bien, de façon consciente, l'intention de Descartes.

Dans le principe, cela dit, on pourrait rétorquer que la mathématique contient déjà une problématique de la chose en son sein : typiquement, à propos de l'infini. Donc la gnoséologie de la mathématique pourrait après tout être gardée dans l'approche de la chose, et maintenue pour traiter de la limite de la chose à l'égard de l'objet. Mais on peut répliquer à cela : dans la mesure précisément où la question de la chose est interne à la mathématique, se montre en son sein un ensemble d'attitudes et un mode pensant spécifiques et différents, et que je n'hésiterai pas à rattacher à un mode philosophant interne à la mathématique. N'est-ce pas exactement ce que *L'herméneutique formelle* a plaidé en son temps ? Il resterait donc vrai que pour être philosophe des mathématiques en même temps que mathématicien, il faut être non seulement mathématicien et philosophe, mais mathématicien sur le mode philosophant, doué comme mathématicien d'une vision de la chose, de sa limite, et des voies philosophantes de leur compréhension dans les mathématiques. Ce que, peut-être, Descartes n'était pas. [Comment, néanmoins, pourrions-nous croire en être sûr ?]

Le second point est proche du premier. Ce que nous appelons ici métaphysique est ce qui s'appelle *métaphysique dogmatique* chez Kant : l'effort pour dégager une connaissance absolument universelle de toute chose en tant simplement qu'elle est, et qui plus est une connaissance non triviale, synthétique. Le soupçon de Kant est que toute connaissance universelle de tout étant, si elle ne procède pas d'une subreption, est une connaissance simplement logique, et donc analytique. On peut reformuler sa conviction dans nos termes : toute approche universelle de la chose rigoureuse ne peut que se limiter à la connaissance « formelle » qui enregistre dans ce que nous disons de la chose l'accord de l'entendement avec lui-même. Mais cette connaissance est la connaissance logique : celle qu'épellent les formules valides de la logique des prédicats du premier ordre, dirions-nous aujourd'hui. Or une telle connaissance prend nécessairement ce dont elle parle comme « objets » : les règles de la logique, sémantique ou syntaxique, sont élaborées dans la perspective d'un être toujours déjà détaillé en objets dont la délimitation ne pose pas de problème, en objets faisant face au discours qui en traite sans venir se mêler à son instance ou son exercice pour le troubler. Selon cet argument, adopter l'attitude métaphysique interdit la philosophie des mathématiques.

Nous devons ici remarquer que la philosophie analytique a pris l'option de la métaphysique au sens où nous venons de le définir, en revendiquant assez ouvertement la logique des prédicats comme la doctrine scientifique de la métaphysique. De même elle assumait comme modèle rationnel, sinon la mathématique, du moins une logique susceptible d'être prise comme une branche de la mathématique. Sommes-nous donc en train de soutenir, de manière un peu provinciale et intolérante, qu'elle est incapable de philosophie des mathématiques ? Telle n'est pas notre pensée. Mais, nous semble-t-il, lorsqu'elle parvient à se faire philosophie des mathématiques, c'est parce que, à vrai dire, elle parvient à internaliser à l'esprit logicien une composante philosophique retrouvant l'horizon de la chose. Typiquement, d'ailleurs, elle le fait en distinguant des objets de premier rang et des objets entachés de langage, de sémantique, et en déployant les distinctions qui évitent à ce sujet les paradoxes. Ou bien en faisant valoir la manière dont l'infini affecte déjà les démarches de la logique. En bref, si l'on est un métaphysicien logicien il faut avoir coupé l'eau de la logique d'assez de vin philosophique pour accéder à la philosophie des mathématiques.

Jean-Michel SALANSKIS
Professeur émérite de philosophie
à l'Université Paris Nanterre

L'EXPÉRIENCE LOGIQUE
DU *COGITO*

> Ma pensée ne doit pas être la règle des
> autres pour les obliger à croire une chose
> à cause que je la pense vraie.
> DESCARTES, *Cinquièmes réponses aux
> objections*[1].

LE *COGITO* COMME ACTE

L'entreprise métaphysique de Descartes reste incompréhensible si on ne la rapporte pas à la révolution scientifique inaugurée par Copernic quelques décennies plus tôt. La physique galiléenne, à la constitution de laquelle Descartes participe, soutient que la Terre tourne, qu'il existe un mouvement sans cause qui perdure de lui-même, et que les corps, quelle que soit leur masse, tombent tous à la même vitesse dans le vide, d'un mouvement uniformément accéléré. Or le témoignage des sens est incapable de justifier de telles affirmations. Le monde sensible est disqualifié. Seules les mathématiques sont aptes à décrire le monde tel qu'il existe indépendamment de nous. Elles ne peuvent pas, cependant, garantir par elles-mêmes la portée objective que la science nouvelle leur reconnaît. Pour donner un fondement solide à la physique naissante, Descartes cherche dans les *Méditations métaphysiques* le moyen de s'assurer non seulement de la certitude intrinsèque des mathématiques, mais

---

1   Descartes, René, *Œuvres et Lettres*, Paris, « Bibliothèque de la Pléiade », Gallimard, 1953, p. 513.

également de leur capacité à saisir objectivement le monde matériel. Dans ce but, il définit un critère de certitude : une proposition s'avère absolument certaine s'il est impossible d'exhiber une quelconque raison d'en douter.

Les illusions de mes sens fournissent un moyen de révoquer un très grand nombre d'opinions : il n'est pas certain que les choses sensibles soient comme je les perçois. L'expérience du rêve délivre un argument plus puissant : puisque j'ai déjà été trompé dans mon sommeil en croyant que j'étais éveillé, je n'ai aucun moyen d'être certain que je ne suis pas maintenant en train de rêver. Je peux ainsi mettre en doute l'existence du monde et de mon corps. Mais ce n'est pas encore assez pour douter des propositions mathématiques :

> Car, soit que je veille ou que je dorme, deux et trois joints ensemble formeront toujours le nombre de cinq, et le carré n'aura jamais plus de quatre côtés (*Première méditation, op. cit.*, p. 270).

Considérons par exemple la proposition « 2 et 2 sont 4^2 ». Elle me semble vraie, non seulement ici et maintenant, mais partout et toujours : c'est une vérité éternelle et universelle. Mieux, il me semble qu'elle ne peut pas ne pas être vraie : c'est une vérité nécessaire. Je peux bien affirmer que si, par impossible, 2 et 2 faisaient 5, il serait faux de dire qu'ils font 4. Mais je ne peux pas sérieusement penser que 2 et 2 pourraient faire 5 : le contenu d'une telle proposition est impensable. Il en va tout autrement des propositions contingentes que Descartes a précédemment révoquées en doute. Des énoncés comme « cette porte est verte » ou « cette porte existe » ne sont pas tenus pour vrais d'après leur seul contenu, mais en vertu de la confiance que j'accorde au témoignage des sens. Je n'ai, en conséquence, aucune difficulté à les penser comme possiblement faux. Pour en douter, il n'est pas nécessaire d'être *certain* d'avoir rêvé ou d'avoir été trompé par les sens. Il suffit que je le croie possible. Les propositions nécessaires des mathématiques, au contraire, parce qu'elles renvoient à un impossible à penser, ne semblent pas pouvoir « être soupçonnées d'aucune fausseté ou d'incertitude » (*ibid.*, p. 270). Faut-il s'en tenir là ? Non, dit Descartes.

---

2   Dans Z ou dans Z/nZ avec n supérieur ou égal à 5. En effet, dans l'anneau Z/3Z par exemple, on a : 2+2=1.

À la fin de la *Première méditation*, il formule une hypothèse inédite qui permet de douter des propositions nécessaires des mathématiques. C'est la célèbre fiction du malin génie :

> Je supposerai donc qu'il y a [...] un certain mauvais génie, non moins rusé et trompeur que puissant, qui a employé toute son industrie à me tromper (*ibid.* p. 272).

Par cette fiction, je parviens à concevoir comme possiblement faux ce que je ne peux pas penser autrement que comme vrai. N'est-ce pas contradictoire ?

Le propre d'une proposition nécessaire, c'est qu'il est impossible de penser la possibilité de sa fausseté, du moins *directement à partir de son contenu*. Mais cette possibilité peut être envisagée *indirectement*, en supposant l'existence d'un esprit supérieur qui agirait sur moi pour me tromper. L'évidence avec laquelle s'imposent à moi les propositions nécessaires des mathématiques n'est pas supprimée, mais réduite à un simple sentiment subjectif. Il s'agit bien ici de l'évidence *actuellement* produite en moi par la considération présente de propositions nécessaires, et non du souvenir, peut-être trompeur, que j'en ai : ainsi considérée comme l'effet d'une tromperie suprême, elle ne saurait garantir la moindre certitude. L'hypothèse du malin génie, à cet égard, doit être rapprochée de la doctrine cartésienne de la création des vérités éternelles, d'après laquelle les propositions nécessaires établies librement par Dieu auraient pu être autres que ce qu'elles sont[3]. Tant que nous ne savons pas avec certitude que Dieu existe, et qu'il est non trompeur, nous pouvons supposer qu'un malin génie nous trompe en nous présentant comme nécessairement vraies des propositions qui en réalité sont fausses. La doctrine de la création des vérités éternelles suppose la réfutation de l'hypothèse du malin génie. Mais l'opération sur laquelle l'une et l'autre s'appuient est la même : elle consiste à *penser comme contingente la nécessité* des propositions mathématiques. Elle seule permet de mettre en œuvre un *doute métaphysique*, le *doute naturel* ne portant que sur des propositions contingentes. La fiction du malin génie fournit la plus puissante raison de douter qui se puisse

---

3   « Les vérités mathématiques, lesquelles vous nommez éternelles, ont été établies de Dieu et en dépendent entièrement, aussi bien que tout le reste des créatures », *Lettre à Mersenne*, 15 avril 1630, *op. cit.*, p. 933.

concevoir. Elle conduit le doute à son intensité la plus haute. Elle lui donne une portée révocatoire maximale. Dans ces conditions, si une proposition lui résiste, alors elle est indubitable, et donc absolument certaine. Une telle proposition existe-t-elle ? Oui, répond Descartes. C'est la proposition : « Je suis, j'existe ».

Au cours de l'expérience de pensée orchestrée par le doute cartésien, le *Cogito* désigne le moment crucial où le sujet méditant découvre qu'il lui est impossible de douter de sa propre existence. Les étapes de cette séquence sont décrites avec précision au début de la *Méditation seconde*. Dès que je suis en possession d'une raison de douter de l'existence du monde, le *Cogito* peut commencer :

> Je me suis persuadé qu'il n'y avait rien du tout dans le monde, qu'il n'y avait aucun ciel, aucune terre, aucuns esprits, ni aucuns corps ; ne me suis-je donc pas aussi persuadé que je n'étais point ? (*Méditation seconde, op. cit.*, p. 275).

Je découvre alors une vérité que le doute tiré de l'expérience du rêve ne saurait ébranler :

> Non certes, j'étais sans doute, si je me suis persuadé, ou seulement si j'ai pensé quelque chose (*ibid.*).

Il faut bien que j'existe pour penser que je n'ai pas de corps : du seul fait que je pense, je suis. Toutefois, ce n'est pas assez pour me savoir en possession d'une vérité indubitable. Car je n'ai pas encore soumis ma découverte à l'épreuve du malin génie :

> Mais il y a un je ne sais quel trompeur très puissant et très rusé, qui emploie toute son industrie à me tromper toujours (*ibid.*).

En me persuadant qu'un tel génie me trompe, je trouve une confirmation définitive de mon existence :

> Il n'y a donc point de doute que je suis s'il me trompe (*ibid.*).

En apparence, la fiction du malin génie n'a rien changé à la vérité précédemment découverte. Il y a un instant, je disais : il n'y a point de doute que je suis, si je pense. Et maintenant, je dis : il n'y a point de doute que je suis, si le malin génie me trompe. Penser que le malin génie me trompe, c'est penser. Aussi bien que penser que je n'ai pas de corps. Cela me permet cependant de comprendre quelque chose de plus, comme l'indique la phrase qui suit :

> Et qu'il me trompe tant qu'il voudra, il ne saurait jamais faire que je ne sois rien, tant que je penserai être quelque chose (*ibid.*).

À chaque fois que je pense quelque chose, le malin génie est en mesure de me tromper, sauf dans le cas où je pense « être quelque chose » (*ibid.*). Aussi grande que je suppose sa puissance de tromperie, elle ne peut rien quand je pense que j'existe. La fiction du malin génie me permet sans doute de confirmer, pour la rendre absolue, une vérité déjà acquise. Mais elle fait bien plus. Elle en transforme la formulation :

> Enfin il faut conclure, et tenir pour constant que cette proposition : *Je suis, j'existe*, est nécessairement vraie, toutes les fois que je la prononce, ou que je la conçois en mon esprit (*ibid.*).

L'emploi de l'italique invite à distinguer deux manières de considérer un énoncé. Ou bien on vise le contenu intelligible de l'énoncé, pour interroger l'adéquation à son objet. Ou bien on rapporte l'énoncé à la pensée qui le conçoit actuellement[4]. Soit la proposition « cette porte est verte ». Pour obtenir la certitude qu'elle est vraie, je ne peux pas me contenter d'en appréhender le contenu : je dois me rapporter à la chose désignée (cette porte) afin de vérifier qu'elle possède bien la propriété affirmée (la couleur verte). Or je ne peux le faire qu'à l'aide du témoignage des sens, dont j'ai des raisons de douter. La proposition doit par conséquent être révoquée. Considérons à présent une proposition mathématique : « 2 et 2 sont 4 ». La confiance que j'accorde à mes sens n'est plus requise : l'intelligibilité intrinsèque de la proposition suffit à l'imposer comme nécessairement vraie. J'ai donc besoin, pour en douter, de supposer qu'un malin génie me trompe. Je parviens ainsi à penser que le contenu de l'énoncé ne correspond pas à l'objet qu'il désigne. « Cette porte est verte », « 2 et 2 sont 4 » : aucune de ces deux

---

4   La *Méditation troisième* approfondit cette distinction. La « réalité objective » d'une idée, c'est le contenu intelligible d'un énoncé pourvu de sens, et sa « réalité formelle », c'est l'énoncé en tant qu'il est conçu en acte dans mon esprit. L'objet d'une idée ne doit pas être confondu avec sa « réalité objective ». Pour chaque idée, il y a lieu de se demander si l'objet auquel le contenu de l'énoncé prétend se rapporter existe, et s'il correspond à ce que l'énoncé en dit.

propositions n'est certaine. Mais qu'elles soient vraies ou fausses, cela ne dépend pas de l'acte par lequel je les conçois. Il n'en va plus de même quand la proposition considérée est « Je suis, j'existe[5] ». Car elle est « nécessairement vraie toutes les fois [...] que je la conçois ». La nécessité par laquelle l'énoncé « je suis » s'impose comme vrai échappe au doute, car elle est engendrée par le doute lui-même. Le rapport logique entre « 2 et 2 » et « 4 » est une nécessité que ma pensée prend pour objet. À ce titre, je peux toujours le considérer comme établi dans mon esprit par un génie trompeur plus puissant que moi. Mais la nécessité par laquelle la proposition « je suis » est vraie est d'une autre nature. Elle s'attache à l'énoncé, non en vertu de son seul contenu ou de son rapport à un autre énoncé, mais par l'opération même qui le conçoit, et seulement dans le moment où elle s'effectue[6]. C'est une nécessité qui est produite par ma pensée quand elle conçoit la proposition « je suis » et qui ne peut subsister hors de cette conception. Le malin génie peut, tout au plus, être l'auteur du contenu de mes pensées, mais pas de l'*acte* par lequel je pense qu'il me trompe ou que j'existe. Si je peux conclure avec certitude que la proposition « j'existe » est vraie dès que je la pense, c'est bien parce que je sais que c'est moi qui pense que « j'existe ». Et je ne peux le savoir pleinement qu'en mettant en œuvre la fiction du malin génie. En imaginant la puissance étrangère la plus terrible dont ma pensée pourrait dépendre, je m'assure du domaine où sa souveraineté ne peut pas être contestée. J'aperçois alors que l'énoncé « je suis » reçoit sa nécessaire vérité de l'acte même par lequel je le pense. Le *Cogito* est un acte. Une performance, comme Hintikka l'a bien montré[7]. Mais qui ne doit pas être séparée de la longue ascèse qui la rend possible et où la fiction irremplaçable du malin génie joue un rôle décisif.

---

5   Les guillemets, dans notre texte, remplacent l'italique utilisé par Descartes.
6   « *Toutes les fois* que je la prononce, ou que je la conçois en mon esprit », *Méditation seconde*, *op. cit.*, p. 275. C'est nous qui soulignons. Plus loin : « *Je suis, j'existe* : cela est certain ; mais combien de temps ? À savoir, autant de temps que je pense », *ibid.*, p. 277.
7   Hintikka, Jaakko, « *Cogito, Ergo Sum* : Inference or Performance ? », *The Philosophical Review*, vol. 71, No. 1, 1962, p. 3-32.

L'ORDRE DES CERTITUDES

À plusieurs reprises, Descartes évoque un principe nécessaire à la conclusion de mon existence. Dans le *Discours de la méthode* :

> Il n'y a rien du tout en ceci : *je pense, donc je suis*, qui m'assure que je dis la vérité, sinon que je vois très clairement que, pour penser, il faut être[8].

Ou dans les *Principes* :

> Lorsque j'ai dit que cette proposition : *Je pense, donc je suis*, est la première et la plus certaine qui se présente à celui qui conduit ses pensées par ordre, je n'ai pas pour cela nié qu'il ne fallût savoir auparavant [...] que pour penser il faut être[9].

Le premier de ces textes est antérieur aux *Méditations*. Le second est postérieur. Tous deux suggèrent de distinguer l'*ordre chronologique* dans lequel se succèdent mes connaissances de l'*ordre logique* qui les subordonne les unes aux autres. Ces deux ordres se correspondent dans les raisonnements de l'École. Mais l'exercice concret de la pensée les inverse le plus souvent. Lorsque nous effectuons un calcul particulier comme « 2 et 2 sont 4 », nous découvrons dans un exemple le principe général qui le fonde (« des parties égales augmentées de la même quantité restent égales entre elles ») :

> Car c'est le propre de notre esprit, de former les propositions générales de la connaissance des particulières[10].

---

8 *Discours de la méthode*, quatrième partie, *op. cit.*, p. 148.

9 *Principes*, I, 10, *op. cit.*, p. 575. Dans l'*Entretien avec Burman* également : « Avant cette conclusion : *je pense, donc je suis*, on peut avoir connaissance de cette majeure : *tout ce qui pense est*, parce qu'en réalité elle est antérieure à ma conclusion et que ma conclusion s'appuie sur elle. Et c'est ainsi que dans *Les Principes* l'auteur dit qu'elle la précède, parce qu'implicitement elle est toujours supposée et antérieure », *op. cit.*, p. 1357.

10 *Secondes réponses*, *op. cit.*, p. 375. Dans les *Cinquièmes réponses aux objections*, Descartes écrit que pour trouver la vérité, « on doit toujours commencer par les notions particulières, pour venir après aux générales, bien qu'on puisse aussi, réciproquement, ayant trouvé les générales, en déduire d'autres particulières. Ainsi quand on enseigne à un enfant les éléments de la géométrie, on ne lui fera point entendre en général que, *lorsque de deux quantités égales on ôte des parties égales, les restes demeurent égaux*, ou que *le tout est plus grand que ses parties*, si on ne lui en montre des exemples en des cas particuliers », *op. cit.*, p. 511.

Il en irait de même dans le *Cogito* : la vérité que je découvre en premier est particulière (« je pense, donc je suis ») bien qu'elle dépende logiquement d'un principe général (« pour penser, il faut être ») qui est explicité dans un second temps[11]. Dans cette hypothèse, le *Cogito* serait un raisonnement (un *enthymème* plus précisément) dont la conclusion (« j'existe ») porterait à notre connaissance une prémisse implicite (« pour penser, il faut être »), l'autre prémisse étant clairement posée (« je pense »). Cette interprétation présente une difficulté. Remonter d'une proposition particulière au principe général dont elle dépend ne produit pas plus de certitude que de descendre d'un principe à ses conséquences. Les procédures classiques de la logique peuvent bien délivrer des vérités nouvelles, en attachant une certitude déjà donnée à un nombre toujours plus grand de propositions, elles n'engendrent pas de certitude plus forte que celle qui affecte déjà les propositions qu'elle enchaîne. Pour trouver une certitude absolue, aucune déduction directe à partir d'un principe déjà tenu pour vrai ne suffit. C'est pourquoi la fiction du malin génie est nécessaire. Elle permet de douter non seulement de la proposition particulière « 2 et 2 sont 4 », mais également du principe dont elle est l'application. Dans ces conditions, réduire le *Cogito* à un *enthymème* revient purement et simplement à affirmer que la proposition « j'existe » n'est ni certaine ni première. Or Descartes a toujours soutenu le contraire. C'est qu'elle n'est pas la conclusion d'une inférence, mais le produit d'une performance, comme la *Méditation seconde* le montre très clairement. Le *Cogito* n'est pas un syllogisme[12]. Dès lors, comment comprendre ce que Descartes dit du principe « pour penser, il faut être » ?

Il convient d'abord de relever que, dans la *Méditation seconde*, l'expérience du *Cogito* est poussée bien plus loin que dans le *Discours*. On se souvient en effet que Descartes, après avoir conclu « j'existe » une première fois, rappelle l'existence du malin génie[13]. Dans la phrase qui suit, il conclut de nouveau à sa propre existence (« il n'y a *donc* point

---

11   « J'ai connaissance auparavant de ma conclusion, parce que je ne fais attention qu'à ce dont j'ai l'expérience en moi-même, savoir : *je pense donc je suis*, tandis que je ne fais pas aussi bien attention à cette notion générale : *tout ce qui pense est* ; en effet, comme j'en ai averti, nous ne séparons pas ces propositions des choses singulières, mais nous les considérons en elles », *Entretien avec Burman, op. cit.*, p. 1357.

12   « Lorsque quelqu'un dit : *je pense, donc je suis, ou j'existe*, il ne conclut pas son existence de sa pensée comme par la force de quelque syllogisme », *Secondes réponses, op. cit.*, p. 375-376.

13   « Mais il y a un je ne sais quel trompeur très puissant [...] », *Méditation seconde, op. cit.*, p. 275.

de doute que je suis, s'il me trompe[14] »). Ce qui est présenté ici comme un résultat, c'est le produit de la mise en œuvre de la fiction du malin génie, introduite dans la phrase précédente. À quoi cette fiction est-elle appliquée ? Le texte ne le dit pas explicitement, mais la phrase qui précède immédiatement l'introduction du malin génie nous l'indique : « Non, certes, j'étais sans doute […] si j'ai pensé quelque chose » (*ibid.*). Ce qui est soumis au *doute métaphysique*, c'est précisément la conclusion à laquelle le *Discours* était parvenu et qui se révèle à présent insuffisante, à savoir l'énoncé « je pense, donc je suis ». Le *Discours*, en effet, ne disposait pas de la fiction du malin génie. Il s'en tenait aux illusions des sens, à l'expérience du rêve et aux erreurs de raisonnement. Le doute qui en procédait permettait une découverte :

> Je pris garde que, pendant que je voulais ainsi penser que tout était faux, il fallait nécessairement que moi, qui le pensais, fusse quelque chose (*Discours de la méthode, op. cit.*, p. 147).

Une vérité, résistant au doute, était ainsi dégagée : *Je pense, donc je suis*. Descartes pouvait « la recevoir sans scrupules pour le premier principe » qu'il cherchait, parce qu'il ne parvenait pas à l'ébranler malgré « les plus extravagantes suppositions des sceptiques » (*ibid.*, p. 147-148). C'était du même coup reconnaître que le *Cogito* n'était pas achevé. Car il ne pouvait l'être que si la vérité découverte était absolument indubitable. Or elle ne l'était pas. Descartes allait en effet inventer une supposition plus puissante et plus extravagante encore que celles des sceptiques, offrant la plus grande raison de douter qui se puisse concevoir. Une fois en possession de cette arme redoutable, il fallait lui confronter l'énoncé « Je pense, donc je suis ». C'est ce que fait Descartes dans la *Méditation seconde*. À l'aide de la fiction du malin génie, il reprend le *Cogito* là où il avait été contraint de l'interrompre dans le *Discours*, pour le conduire à son terme. La formule « je pense, donc je suis » n'exprime donc qu'un moment de l'expérience de pensée, certes nécessaire, mais dont la vocation est d'être dépassé en étant lui-même mis à l'épreuve du *doute métaphysique*. La scansion performative où le procès logique du *Cogito* s'achève n'est concluante que dans et par cet ultime assaut.

---

14   *Ibid.*, p. 275. C'est nous qui soulignons.

Il est possible à présent de risquer une hypothèse : Descartes n'évoquerait le principe « pour penser il faut être » qu'afin d'en souligner la fonction implicite dans l'inférence qui précède la performance où se conclut le *Cogito*. Dès lors, il faudrait mettre ce principe à l'épreuve du malin génie, pour conquérir la certitude de la proposition « j'existe ». Tâchons de décrire cette opération[15].

Puis-je penser qu'un malin génie me trompe en me faisant croire vrai le principe « pour penser, il faut être » ? Non. Je peux tout au plus m'imaginer que je pourrais le penser. En effet, dès que je pense qu'un malin génie me trompe, je ne peux pas douter que je le pense. Car douter que je doute, c'est encore penser. Il y a toujours un acte de pensée qui est certain de lui-même, même s'il consiste à douter d'autre chose. Quand je pense que je doute, je pense que je pense sans pouvoir en douter. Douter et penser sont un seul et même acte. En cherchant à douter de l'implication « pour penser, il faut être », je produis effectivement l'impliquant par cet acte même, sans aucun doute possible : je pense. D'un même mouvement, j'actualise la notion implicite de la pensée en la vidant de toutes les scories venues du corps dont j'avais pu indûment la remplir, et j'accède à l'expérience d'un fait qui tombe parfaitement sous cette notion. En doutant, je me donne en même temps l'acte pur de la pensée avec la notion claire et distincte qui lui correspond : je pense que je pense. « Je pense » devient une certitude absolue, parce que la notion mobilisée par cette proposition est absolument simple et que son objet m'est offert avec elle[16]. Il est donc certain que j'existe. Penser qu'un malin génie me trompe, c'est penser que « j'existe », et je ne peux pas être trompé quand je pense que j'existe.

Dès que j'essaie, à l'aide de la fiction du malin génie, de douter du principe « pour penser, il faut être », je reproduis inévitablement l'expérience authentique du *Cogito* par laquelle ce principe acquiert une certitude absolue. Ce n'est qu'en dehors du *Cogito* que je peux m'imaginer

---

15 Aucun passage, à notre connaissance, ne le fait explicitement. Or Descartes ne prétend jamais imposer le résultat de sa démarche. Ainsi dans le *Discours* : « Afin qu'on puisse juger si les fondements que j'ai pris sont assez fermes, je me trouve en quelque façon contraint d'en parler », *op. cit.*, p. 147. Le lecteur est donc invité à pratiquer lui-même le doute, conformément aux principes qui doivent le guider et que Descartes a pris la peine d'exposer exhaustivement. S'il est vrai que le *Cogito* est une expérience de pensée, ce que Descartes choisit de nous en dire ne saurait épuiser ce qui peut en être dit.

16 Je le rencontre immédiatement quand je la pense. Dans ce cas précis, la réalité objective de la proposition et son objet coïncident.

pouvoir douter de ce principe, du fait de la forme grammaticale qu'il revêt. Elle semble, mais ce n'est qu'une apparence, inclure un concept (« être ») dans un autre (« penser »). Considérons une proposition formellement analogue : « pour être un triangle, il faut être un polygone ». C'est une condition nécessaire, quoiqu'insuffisante, posée dans une définition explicite : un triangle est un polygone à trois côtés. Le rapport nécessaire du polygone au triangle nous est donné par l'analyse du contenu de la notion de triangle. Si la notion de pensée se prêtait à une telle analyse, le principe « pour penser, il faut être » pourrait être révoqué en doute : nous pourrions supposer que la notion qui le fonde a été mise en nous par un malin génie dans le but de nous tromper. Mais, nous dit Descartes, il n'y a pas de définition de la pensée[17]. La véritable notion de la pensée est implicite, ce qui signifie non qu'elle aurait à être dégagée explicitement, mais qu'elle ne peut pas l'être. On ne peut en avoir qu'une saisie intuitive dans l'acte même de penser. Quand je pense, je sais que je pense, et je sais intuitivement ce qu'est penser sans avoir à faire tomber cet acte sous un concept dont j'aurais développé la notion et dans la compréhension duquel le concept d'être serait lui-même inclus. Je comprends que je suis du fait même que je pense, sans avoir à dériver la notion d'être de celle de penser. C'est seulement dans le *Cogito* que le principe « pour penser, il faut être » est fondé en certitude. Les notions qu'il mobilise ne sont clairement conçues qu'au sein de cette expérience en première personne : elles ne peuvent pas l'être par des concepts[18].

17　« Pour savoir ce que c'est que le doute, et la pensée, il suffit de douter et de penser […]. J'ajoute même qu'il est impossible d'apprendre ces choses autrement que par soi-même », *La Recherche de la vérité, op. cit.*, p. 899. « J'ai remarqué que les philosophes, en tâchant d'expliquer par les règles de leur logique des choses qui sont manifestes d'elles-mêmes, n'ont rien fait que les obscurcir », *Principes*, I, 10, *op. cit.*, p. 575.

18　Dans *La Recherche de la vérité*, Descartes explique que le *Cogito* donne la vraie définition de l'homme, la seule qui soit absolument certaine. La proposition « je pense donc je suis » ne requiert que des notions implicites données immédiatement dans une expérience de pensée. Tandis que la définition aristotélicienne, « l'homme est un animal raisonnable », parce que ses notions doivent être explicitées, conduit à une régression à l'infini qui m'interdit de savoir jamais ce que je suis. Qu'est-ce que « raisonnable » ? Qu'est-ce qu'« animal » ? Qu'est-ce qu'« être vivant » ? etc. « Vous voyez sur-le-champ que les questions s'augmentent et se multiplient comme les rameaux d'un arbre généalogique. Et […] pour finir il est assez évident que toutes ces belles questions se termineraient en une pure battologie, qui n'éclairerait rien et nous laisserait dans notre ignorance primitive », *La Recherche de la vérité, op. cit.*, p. 892.

La certitude de la proposition « j'existe » dépend d'un exercice médi-
tatif qui me délivre en même temps la certitude du principe « pour
penser, il faut être ». Je découvre ainsi un *ordre des certitudes*, distinct
aussi bien de l'*ordre logique* que de l'*ordre chronologique* qui régissent le
rapport entre les énoncés d'après leur contenu. Cet ordre n'est institué
que par l'étape ultime du *Cogito*. Un principe général (« pour penser,
il faut être ») est d'abord découvert à l'occasion d'un cas particulier
(« je pense, donc je suis »). Rien là que de très classique. Mais grâce
à la fiction du malin génie, le principe reçoit sa certitude absolue de
l'expérience où la proposition « j'existe » trouve aussi la sienne. Le *Cogito*
fait du principe « pour penser, il faut être » le point de rencontre de
deux mouvements opposés : l'un qui y remonte comme à une condition,
le second qui y descend comme à ce qui est conditionné. C'est pour ne
pas les confondre que les scansions du *Cogito* doivent être soigneusement restituées. Oublier l'*ordre des certitudes*, c'est réduire indûment le
Cogito au premier mouvement, en le vidant de son originalité logique.
Il devient alors équivalent à un simple syllogisme. Mais dans le *Cogito*
authentique, la certitude absolue de la majeure se conquiert, grâce à la
fiction du malin génie, dans le passage de la mineure à la conclusion[19].
Une telle torsion échappe aux règles traditionnelles de la logique. Dans
les *Secondes réponses aux objections*, on trouve un exposé géométrique des
Méditations qui obéit uniquement à l'ordre synthétique de la déduction
euclidienne. Or aucun des théorèmes inférés à partir des axiomes et
des définitions posés au départ ne présente le *Cogito*, qui a purement et
simplement disparu. L'*ordre des certitudes* n'a pas sa place dans un discours
conduit *more geometrico*.

---

19 Le *Cogito* introduit à une nouvelle logique, qui n'est pas fondée sur l'inclusion des concepts.
Dans l'*ordre des certitudes*, l'universel (« Tout ce qui pense est ») n'est plus premier. Il est
conquis dans le passage d'une proposition singulière (« je pense ») à une autre (« je suis »).
Ce mouvement n'est pas une inférence, mais un acte, qui ne se fonde pas sur la proposition
universelle, car il la produit au contraire, de ce que le sujet « sent en lui-même qu'il ne
se peut pas faire qu'il pense, s'il n'existe », *Secondes réponses, op. cit.*, p. 376.

LE PRINCIPE DE NON-CONTRADICTION

Porter le *Cogito* à sa conclusion ne présuppose pas la certitude absolue du principe « pour penser, il faut être ». Pour garantir à la proposition « j'existe » son statut de certitude première, il faudrait pouvoir en dire autant de tous les principes. Or cela semble impossible, si certains d'entre eux sont nécessaires au doute lui-même.

Dans le livre *gamma* de la *Métaphysique*, Aristote recense trois principes logiques, qui ont été repris par la tradition scolastique et que Descartes évoque souvent. *Le principe d'identité* énonce qu'une chose ne peut pas en même temps être et ne pas être ce qu'elle est. Toute chose est identique à elle-même. C'est sur ce principe que repose, par exemple, l'équation triviale 2=2. *Le principe de non-contradiction* énonce qu'il est impossible d'affirmer d'une chose en même temps et sous le même rapport deux prédicats contradictoires. 2 et 2 ne peuvent pas faire et ne pas faire quatre en même temps et sous le même rapport (par exemple dans Z). Enfin, *le principe du tiers exclu* affirme qu'entre deux propositions contradictoires, l'une des deux est nécessairement vraie et l'autre fausse. L'exercice du doute cartésien repose sur ces trois principes logiques. Sans eux, il serait impossible d'avancer la moindre *raison* de douter. En effet, pour révoquer en doute la proposition « 2 et 2 sont 4 », je dois penser que « 2 et 2 sont autre chose que 4 ». Même si je suis incapable de penser directement le contenu d'une telle proposition, je dois penser qu'elle est vraie pour une pensée supérieure à la mienne et dont le dessein est de me tromper. Cela revient à poser que le résultat véritable de la somme « 2 et 2 », même si le malin génie me le cache, est identique à lui-même.

Puis-je réellement douter des principes logiques si je les utilise dans l'acte même par où je cherche à le faire ? Considérons par exemple le *principe de non-contradiction*. Je ne peux le supposer faux qu'à le tenir pour vrai, car cette hypothèse revient à penser qu'il est faux de dire qu'il est vrai et vrai de dire qu'il est faux. J'admets donc le principe dans l'opération par laquelle je prétends le refuser. Même quand je me contente de suspendre mon jugement à son égard, je le présuppose encore, puisque cette attitude minimale n'est possible qu'à penser que s'il *était* vrai (respectivement faux), il *serait* faux de dire qu'il est faux (respectivement vrai). Pour découvrir qu'il est impossible de douter du *principe de non-contradiction*, nous n'avons pas besoin de le soumettre à l'épreuve du malin génie. Il suffit de comprendre que l'exercice du doute le présuppose. Il n'y a aucun sens à demander s'il est vrai ou faux car il régit le fonctionnement même de ma pensée. En deçà du vrai et du faux, il en rend possible l'opposition. Il n'est pas une proposition dont on puisse chercher à douter, mais un principe purement formel qui n'affirme rien sinon la condition pour pouvoir affirmer quelque chose. C'est un principe de la pensée. Les principes logiques sont une condition d'exercice de la pensée. Vides et purement formels, ils n'ont pas d'objet particulier. Le principe « pour penser, il faut être », au contraire, reçoit son objet, la pensée, dans l'acte même par lequel je le considère : j'apprends du même coup que l'énoncé « j'existe » est nécessairement vrai dès que je le pense. Je peux parfaitement penser sans ce principe, mais pour en tirer une connaissance certaine, je dois le soumettre à l'épreuve du malin génie. Il est rationnel de chercher à douter du principe « pour penser, il faut être », même si cela se révèle impossible. Il est également impossible de douter des principes logiques en général, mais pour une tout autre raison : c'est qu'une telle épreuve n'a pas de sens, puisque je ne peux pas douter sans les utiliser. Je n'ai pas besoin de chercher à en douter effectivement pour comprendre à l'avance que c'est impossible. Dès lors, ne faut-il pas leur accorder le statut de certitude première ? Que devient le *Cogito* dans ce cas ?

Pour surmonter cette difficulté, il convient de comprendre en quel sens précis il est néanmoins possible de douter des principes logiques : non sous la forme de principes formels généraux régissant tout acte de pensée, mais seulement dans leurs usages singuliers effectifs. Le *principe de non-contradiction* par exemple, pris dans sa forme abstraite, affirme qu'il y a en général de l'impossible à penser. Si je cesse de considérer ce principe purement formel pour penser les objets qui se donnent à moi, ce sont toujours des contradictoires particuliers qui se présentent : « 2 et 2 » et « 5 » par exemple, qu'il m'est impossible de penser comme équivalents sans contradiction. Douter de la proposition « 2 et 2 sont 4 » revient très précisément à douter de la valeur objective de ce qui, pour ma pensée, est contradictoire. Par conséquent, quand le *principe de non-contradiction* n'est que l'instrument par lequel ma pensée en acte se rapporte à des objets, il est légitime de douter de sa valeur objective. Cela n'a plus de sens dès que ma pensée, en le prenant pour objet, le vide de tout contenu. Car pour l'objectiver ainsi, il faut bien que je continue de l'utiliser. La réflexion qui dégage la forme générale du principe ne cesse pas en même temps de lui donner un contenu. Mais ce contenu n'est rien d'autre que le principe lui-même, en tant que pure forme. Ainsi *le principe de non-contradiction* est-il « toujours dans notre dos[20] » quand on croit le mettre à plat. Il continue toujours à fonctionner comme condition de la pensée qui le prend pour objet. Il y a donc un reste impossible à objectiver, et qui est le fait même de la pensée en acte. Ce noyau, que la puissance du malin génie ne peut pas entamer, permet d'isoler un cas où *le principe de non-contradiction* a une valeur objective absolue : il est impossible que je n'existe pas quand je pense. *C'est là quelque chose de contradictoire qu'il m'est impossible de penser, mais c'est aussi quelque chose d'impossible en soi, qui ne peut pas être l'effet d'une tromperie supérieure.* Il n'en va pas de même des autres contradictoires, qu'il m'est toujours possible de supposer vrais grâce à l'hypothèse du malin génie.

Pour donner au *principe de non-contradiction* une valeur objective universelle et le valider dans tous ses usages, il faut établir que Dieu existe, et qu'il est non trompeur. En effet, si je connais l'existence d'un tel Dieu, je peux en déduire qu'il ne saurait faire qu'existe ce que ma pensée juge avec clarté et distinction comme ne pouvant pas être. À moins qu'il ne me le fasse savoir explicitement, comme c'est le cas pour l'union de l'âme et du corps. Laissée à ses seules ressources, ma pensée tient pour contradictoire cette union de deux substances qu'elle conçoit comme réellement distinctes. Mais elle admet pourtant sa réalité, puisqu'elle la sent à chaque instant de la vie. Le fait même que des impossibilités pour ma pensée puissent exister néanmoins en dehors d'elle montre bien qu'il est nécessaire, quand rien ne nous renseigne sur cette existence, d'avoir une garantie pour pouvoir conclure avec certitude que ce qui est contradictoire pour moi l'est bien aussi en soi. Une fois que je sais qu'un être absolument parfait existe, il ne m'est plus possible de douter que « 2 et 2 sont 4 » : Dieu serait trompeur si cette proposition n'était pas vraie, puisqu'elle s'impose à ma pensée comme nécessaire quand je prends la peine de la considérer avec attention. Toutes les propositions nécessaires dont le malin génie me permettait de douter deviennent alors certaines. Mais pour obtenir un tel résultat, il faut bien que la

---

20 Heidegger, Martin, « Les principes de la pensée », in *Heidegger*, Cahiers de l'Herne.

proposition « j'existe » puisse être saisie comme certaine sans le secours de la garantie divine.

Aristote montre qu'on ne peut pas chercher à réfuter *le principe de non-contradiction* sans le reconnaître implicitement[21]. Il en conclut que ce principe de la pensée est un principe de l'être. C'est cette équivalence que Descartes met en question. Une procédure complexe est dès lors requise pour valider universellement le *principe de non-contradiction*. Elle s'appuie sur deux distinctions fondamentales, inconcevables pour Aristote : *entre ce qui est contradictoire pour ma pensée et ce qui l'est en soi*, et, au sein même de ce qui est contradictoire en soi, *entre ce qui l'est pour Dieu et ce qui l'est par Dieu*[22]. La première distinction est une condition du *doute métaphysique* : douter des propositions nécessaires des mathématiques revient à penser que ce qui est contradictoire pour moi ne l'est pas en soi. La seconde distinction, qui est une conséquence du *Cogito*, est produite par l'échec du *doute métaphysique* : il existe au moins un contradictoire en soi qui n'a pas été établi par Dieu. Les *Méditations* scandent le mouvement par lequel ces deux notions posées au départ comme distinctes (contradictoire pour ma pensée/contradictoire en soi) acquièrent la même extension, exception faite de l'union de l'âme et du corps (qui existe en soi, mais qui est contradictoire pour ma pensée) et de tous les contradictoires en soi que mon entendement fini n'a pas les moyens d'appréhender. Ce recouvrement, qu'opère la garantie divine, trouve dans le *Cogito* son point d'Archimède, sans lequel l'existence d'un Dieu non trompeur ne saurait être démontrée avec certitude. Le *Cogito* est la première de toutes les certitudes qui vont être découvertes, et la condition absolue de cette conquête. De l'intersection entre l'ensemble de ce qui est contradictoire pour ma pensée et l'ensemble de ce qui est contradictoire en soi, il est à la fois le premier élément rencontré, qui atteste qu'elle n'est pas vide, et celui sans lequel les autres nous resteraient à jamais inconnus.

Aristote distinguait déjà fort bien le nécessaire du contingent, mais son Dieu, contrairement à celui de Descartes, n'était pas créateur. Le

---

21 *La Décision du sens. Le Livre Gamma de la Métaphysique d'Aristote*, introduction, texte, traduction et commentaire par Barbara Cassin et Michel Narcy, Paris, Vrin, « Histoire des doctrines de l'Antiquité classique », 1989.

22 *L'en soi* désigne tout ce qui est extérieur à ma pensée. Il faut y distinguer ce qui dépend de la volonté créatrice de Dieu et ce qui n'en dépend pas. Il y a donc un *en soi* pour Dieu lui-même.

Cosmos aristotélicien était nécessaire, la contingence n'y existait que dans sa partie sublunaire. Incréé, il était coéternel au premier moteur. Descartes, parce qu'il est chrétien, pense tout autrement : Dieu a créé librement le monde, ce qui signifie qu'il aurait pu ou ne pas le créer ou le créer autre qu'il n'est. En devenant créature, le monde se vide de sa contingence régionale pour devenir tout entier contingent. Descartes va même jusqu'à penser la contingence des propositions mathématiques (par rapport à la toute puissance créatrice). Il peut ainsi porter le doute à son comble, en inventant un argument (le malin génie) qu'aucun sceptique païen ne pouvait envisager. Dans ces conditions, seul Dieu peut garantir notre savoir sur le monde. Il importe qu'il soit vérace, précisément parce qu'il est créateur. Dieu acquiert ainsi une fonction métaphysique inédite, inconnue des philosophes grecs pour lesquels il n'était ni l'un ni l'autre[23]. L'*expérience logique* du *Cogito* nous apprend à distinguer entre *deux sortes de contradictoires en soi : ceux qui le sont par Dieu* (comme les vérités mathématiques qu'il a créées librement) et *ceux qui le sont pour Dieu même* (comme l'impossibilité de penser sans exister). Dieu a établi les premiers. Et il a voulu que certains des seconds, qu'il n'a pas créés, soient accessibles à notre pensée. C'est pourquoi nous devons savoir que Dieu existe pour être certain que nous ne nous trompons pas quand nous pensons aux premiers, alors que ce n'est pas nécessaire quand nous pensons aux seconds[24].

Dieu a sans doute mis en nous le principe « pour penser, il faut être ». Mais il nous a permis d'acquérir par nous-mêmes la certitude de ce principe, à l'aide du *Cogito*. Ce faisant, il a voulu que l'erreur soit non seulement une possibilité, mais un moyen nécessaire à la découverte de la vérité (puisque l'hypothèse du malin génie est fausse). En nous créant libres, à son image, et en acceptant que nous puissions saisir en nous une nécessité qui s'impose à sa volonté même, Dieu a créé non pas de simples automates spirituels, semblables à des machines à calculs, mais des substances pensantes, c'est-à-dire des *sujets*, capables d'instituer un *ordre des certitudes*.

---

23 Le rationalisme cartésien fait entrer le dogme de la création *ex nihilo* dans le discours philosophique.

24 Il n'y a donc pas de « cercle », si le *Cogito* n'a pas besoin d'une garantie divine. Reste à savoir comment on peut sortir du *Cogito* pour établir l'existence de Dieu.

LA GARANTIE DIVINE

Dès que l'existence de Dieu est démontrée, il n'est plus possible de mettre en œuvre le *doute métaphysique*. Descartes réfute l'hypothèse du malin génie en démontrant la vérité d'une proposition qui la contredit (« Dieu existe, et il n'est pas trompeur, car il est parfait »)[25]. Une autre voie semblait possible qui aurait cherché à dériver de l'hypothèse elle-même une contradiction (c'est le principe du raisonnement par l'absurde). Pourquoi Descartes ne l'a-t-il pas empruntée ? D'abord parce qu'elle avait moins à offrir : si l'on parvenait à penser que l'hypothèse du malin génie était en elle-même contradictoire, on pourrait tout au plus en conclure qu'un Dieu trompeur ne peut pas exister, mais non qu'il existe un Dieu non trompeur. Il y a une autre raison, plus importante encore. C'est qu'il est impossible d'établir avec une certitude absolue que l'hypothèse est fausse avant d'avoir démontré l'existence de Dieu. De deux choses l'une en effet : ou bien le malin génie n'est autre que Dieu lui-même qu'on suppose trompeur, ou bien c'est simplement une puissance supérieure à moi. Il y a une contradiction dans la première hypothèse : la tromperie étant une imperfection, l'être parfait ne peut pas être trompeur[26]. Il n'y en a pas nécessairement dans la seconde. Le malin génie, n'étant pas Dieu, est supposé avoir suffisamment de puissance pour me tromper, sans en avoir assez pour ne pas le vouloir :

> Je supposerai donc, qu'il y a, *non point un vrai Dieu*, qui est la souveraine source de vérité, mais un certain mauvais génie [...][27]

Or si l'hypothèse n'est pas contradictoire, elle n'en est pas moins fausse. Seulement pour en être certain, il est nécessaire de la tenir provisoirement pour vraie, sans quoi aucune certitude ne saurait jamais être obtenue.

---

25 « La raison de douter qui dépend de cette opinion (il y a un malin génie) est bien légère, et pour ainsi dire métaphysique. Mais afin de la pouvoir tout à fait ôter, je dois examiner s'il y a un Dieu, sitôt que l'occasion s'en présentera ; et si je trouve qu'il y en ait un, je dois aussi examiner s'il peut être trompeur », *Méditation seconde*, *op. cit.*, p. 286.

26 « Parce que la malice ne peut subsister avec la souveraine puissance », *Entretien avec Burman*, *op. cit.*, p. 1356.

27 *Méditation seconde*, *op. cit.*, p. 272. C'est nous qui soulignons.

De sorte que, même à considérer l'hypothèse comme contradictoire (au motif que la malice du génie en contredirait la puissance), nous serions encore en droit, et même en devoir, d'y fonder le doute. S'y refuser serait indûment accorder à la contradiction aperçue une valeur objective que l'hypothèse a justement pour fonction de mettre en question. Le malin génie est suffisamment rusé pour me faire croire à tort qu'il est contradictoire de postuler qu'il existe[28]. Pour savoir avec certitude qu'un tel génie n'existe pas, il est donc nécessaire de démontrer que Dieu existe et qu'il n'est pas trompeur. Le seul moyen de découvrir que l'hypothèse du malin génie est fausse, c'est d'en faire usage : l'examen de son contenu ne saurait suffire. On comprend après coup qu'*on a eu raison d'avoir tort*. On a toujours raison de douter, si on ne l'a pas déjà fait jusqu'au bout.

L'hypothèse du malin génie jouit d'un statut original. D'une part, elle est définitivement réfutée lorsque l'existence d'un Dieu non trompeur est acquise. D'autre part, le fait de la tenir pour vraie est une condition de sa propre réfutation, puisque le *Cogito* est nécessaire à la démonstration de l'existence de Dieu. Un singulier procès logique se déploie, qui ne se réduit à aucune des deux procédures traditionnelles de démonstration précédemment évoquées. Puisque la fausseté de l'hypothèse n'est pas démontrée par une contradiction qui en dérive, *il ne s'agit pas d'un raisonnement par l'absurde*. La démonstration s'appuie sur une certitude, celle du *Cogito*, qui a l'hypothèse du malin génie pour condition. Mais puisqu'il faut supposer l'hypothèse vraie pour en établir indirectement la fausseté, *il ne s'agit pas non plus d'une démonstration directe*. Contrairement au raisonnement par l'absurde, qui infère une contradiction de l'hypothèse pour conclure à sa fausseté, ici, l'hypothèse produit d'abord une vérité absolument certaine, avant d'être réfutée en retour par les conséquences de la vérité qu'elle produit. De la certitude première produite par la mise en œuvre de l'hypothèse, une longue chaîne de raisons se laisse déduire. L'une d'elle (« il y a un être tout puissant qui n'est pas trompeur ») détruit rétroactivement l'hypothèse sans laquelle le premier maillon n'aurait pu être introduit.

---

28 « La plus belle des ruses du Diable est de vous persuader qu'il n'existe pas ! », Baudelaire, Charles, *Le Spleen de Paris, Petits poèmes en prose*, Paris, Le Livre de Poche, « Les Classiques de Poche », 2003, p. 150.

Mais ce n'est pas tout. Dans une démonstration par l'absurde, le mathématicien qui raisonne ne s'engage pas. Il n'a pas à supposer vraie la proposition dont il veut établir la fausseté : il lui suffit d'en dériver une contradiction, en s'appuyant sur des règles de déduction, des axiomes et des théorèmes déjà obtenus dans le système formel au sein duquel il se place. Il établit ainsi que la proposition considérée n'est pas une thèse du système : elle ne saurait y être assertée. La réfutation de l'hypothèse du malin génie procède tout autrement. Pour exhiber une contradiction entre l'existence de Dieu et celle d'un malin génie, les ressources classiques de la logique suffisent. Mais pour conquérir la certitude première sans laquelle l'existence de Dieu ne saurait être démontrée, il faut *affirmer* l'existence du malin génie, et non l'envisager simplement comme possible : « *il y a* un je ne sais quel trompeur très puissant[29] ». Pour saisir la certitude absolue de mon existence, je ne peux pas me contenter de penser : « *si un malin génie existait*, alors il ne pourrait pas me tromper quand je pense que j'existe ». Car cette implication repose implicitement sur le principe « pour penser, il faut être ». C'est seulement quand je me persuade qu'un malin génie me trompe effectivement que la proposition « j'existe » devient absolument certaine. Il me faut penser qu'un tel génie existe réellement, afin d'expérimenter par ma pensée qu'il ne peut pas me tromper quand je pense que j'existe. J'investis toute ma pensée dans une fiction qui consiste à faire comme si une puissance trompeuse existait. Un raisonnement par l'absurde se contenterait de dériver une contradiction de l'énoncé « il existe un malin génie ». Dans le *Cogito*, j'ajoute quelque chose à cette proposition : je l'asserte. Je la hisse, par une décision résolue, au statut de thèse. J'inaugure alors, par la puissance même de ma pensée, un procès logique original que je n'aurais pas pu anticiper. C'est en ce sens que le *Cogito* est une expérience logique.

Une dernière difficulté doit être surmontée. En effet, pour que l'hypothèse du malin génie s'avère fausse après coup du fait même d'avoir été assertée, la certitude conquise par le *Cogito* ne doit pas disparaître avec la fiction qui la conditionne. L'arbre doit tomber sous l'effet de sa fructification, sans écraser le fruit dans sa chute. Sinon, il

---

29 *Méditation seconde, op. cit.*, p. 275. C'est nous qui soulignons.

n'y aurait plus qu'à tout recommencer. Le doute serait indéfiniment relancé par ce qui le met en échec. Aucune certitude définitive ne serait accessible. Nous serions condamnés à la répétition sans fin du *Cogito*, à la reproduction indéfinie d'une certitude fugitive aperçue dans l'instant vacillant d'une fulguration. Pour que la science se constitue, il faut sauver la certitude en la conservant au-delà de l'expérience qui la produit. Mais comment ? Tant que je maintiens la fiction du malin génie, je peux d'une part révoquer les propositions mathématiques, et d'autre part saisir le caractère absolument indubitable du principe « pour penser, il faut être ». Mais dès que j'abandonne cette expérience de pensée, le principe retrouve un statut comparable à celui des propositions mathématiques. Dois-je pour autant renoncer à toute certitude absolue en dehors du *Cogito* ? Non, car tout change dès que je sais que Dieu existe. L'existence de Dieu est une certitude qui n'a pas besoin d'être perpétuellement nourrie par l'expérience effective du *Cogito*. Une fois que la démonstration en est donnée, son résultat est conservé, même quand le *Cogito* s'interrompt. « Dieu existe » est la première proposition qui, en nous faisant sortir du *Cogito*, n'a plus besoin de son soutien. Tant que la démonstration est en cours de construction, le *Cogito* est nécessaire pour en garantir chaque étape[30]. Il cesse d'être une condition actuelle une fois la démonstration parvenue à son terme. Il devient alors une condition révolue qui s'efface dans son propre résultat : le *Cogito* aura été nécessaire, il ne l'est plus. L'échafaudage peut bien tomber, ce qui a été élaboré patiemment grâce à lui tient debout tout seul. La certitude de l'existence de Dieu permet le déploiement de la science : elle donne une certitude absolue aux propositions mathématiques dont je doutais auparavant[31]. Elle confère la pérennité qui manquait à la certitude que le principe « pour penser, il faut être » recevait déjà du *Cogito*, mais qui disparaissait avec lui. Je peux dès lors continuer à vérifier mon existence, et je peux le faire à n'importe quel moment, à l'aide d'un raisonnement classique qui ne saurait être confondu avec le *Cogito*. La science congédie après

---

30 Il faudrait expliquer comment, en lui et grâce à lui, je comprends avec certitude que je ne peux pas être la cause de la réalité objective de l'idée de Dieu, bien que je sois la cause de sa réalité formelle.

31 La *Méditation sixième* fondera la possibilité de leur portée objective, en démontrant que le monde matériel existe en tant qu'étendue géométrique en dehors de moi.

coup ce qui la fonde. C'est par le *Cogito* qu'elle tient, à condition qu'il saute. La longue chaîne de raisons qu'elle égrène ne tient que par son maillon le plus faible. Le sujet de la science, toujours en éclipse, ne peut être abordé que dans une expérience logique capable d'instaurer un ordre des certitudes[32].

Julien COPIN
Lycée Henri-Poincaré (CPGE),
Nancy

---

32 Pour un approfondissement de ce point, *Cf.* Copin, Julien, *Les prisonniers de Lacan, Une introduction au temps logique*, Paris, Hermann, 2016. Il s'agit d'un commentaire de l'article intitulé « Le temps logique et l'assertion de certitude anticipée », Lacan, Jacques, *Écrits I*, Paris, Seuil, « Points Essais », 1999, p. 195-211. À partir d'une expérience logique comparable au *Cogito* (la résolution du problème des prisonniers), Lacan inscrit sa conception du sujet dans un champ cartésien. Pour fonder la certitude, Descartes fait de l'usage du doute une méthode. Lacan montre qu'il faut anticiper la certitude pour que le doute la confirme après coup.

L'INTRODUCTION DE L'INFINI
DANS LES DÉMONSTRATIONS CARTÉSIENNES

Métaphysique et mathématiques

INTRODUCTION[1]

Nous souhaitons dégager les traits qui caractérisent la conception de l'infini chez Descartes et qui nous semblent être le résultat d'une démarche originale de sa part.

Nous prendrons en compte l'infini sous le double aspect qualitatif et quantitatif que Descartes envisage. D'une part, l'infini dans la sphère métaphysique, celle qui concerne les principes et le fondement de la connaissance, qui prend le visage d'un dieu « théorique », garant de la vérité, tel qu'on le trouve dans la IIIe méditation. D'autre part, l'infini quantitatif, aussi bien grand que petit, qui relève du domaine mathématique, considéré comme facteur d'inexactitude et donc officiellement refusé comme outil (et objet) mathématique par Descartes, bien qu'il joue un rôle dans sa pratique mathématique non officielle, telle qu'on la trouve à l'œuvre dans sa *Correspondance*[2].

Nous montrerons que la position anti-aristotélicienne et anti-scolastique de Descartes, qui revient à affirmer que « *infinitum in actu datur*[3] », inaugure un nouveau type de rapport de la pensée à l'infini, et une nouvelle conception de cette notion. Il s'agit, selon nous, d'une constitution théorique de l'infini dans le domaine métaphysique, qui brise les cadres de la connaissance (et de la théologie) « pré-cartésienne »

---

1   Je remercie Tony Lévy.
2   Nous renvoyons au chapitre de Vincent Jullien, *infra*.
3   « L'infini est donné en acte », ce qui signifie qu'accepter une régression infinie (dans la série des causes par exemple) n'implique pas nécessairement qu'il n'y ait pas de premier terme à la série (considéré alors comme limite).

(et non seulement scolastique), et qui revient à poser deux actes : (i) faire de l'infini un objet aussi bien qu'un procédé opératoire au sein d'un processus démonstratif et (ii) concevoir l'infini non plus comme un attribut de Dieu, mais comme sa être. En d'autres termes, Dieu est le nom de l'infini (et non l'inverse).

Dès lors, la question qui surgit est la suivante : pourquoi, chez Descartes, l'infini peut-il devenir un outil démonstratif légitime en métaphysique, et non en mathématiques ? Pourquoi lui refuser là, dans le domaine quantitatif, une consistance ontologique et une légitimité procédurale qu'on lui accorde ailleurs ? Doit-on en rester à une disjonction réelle, tout comme il y a des distinctions réelles chez Descartes, entre l'infini métaphysique et l'infini mathématique, ou bien peut-on considérer qu'il puisse y avoir un prolongement entre les deux[4], que la signification cartésienne de l'infini « qualitatif » puisse avoir un effet sur sa conception de l'infini « quantitatif[5] » ?

La première objection qui invaliderait la pertinence de notre démarche est la suivante : Descartes ne parle pas de la même chose, l'infini de la métaphysique n'est pas le même que l'infini dont Descartes parle en mathématiques. À laquelle nous répondons : pourquoi Descartes a-t-il choisi le même mot ? On objectera très classiquement alors, dans un deuxième temps, qu'il existe deux mots chez Descartes, l'infini, réservé à Dieu, et l'indéfini, pour le reste. Sauf que, répondons-nous, l'indéfini sert à qualifier la grandeur de l'espace physique de notre univers, c'est-à-dire renvoie au simple fait, négatif, que nous ne puissions assigner de bornes à ce dernier. Mais, Descartes n'utilise jamais le terme « indéfini » quand il parle de l'infini dans une discussion touchant les mathématiques. Qui plus est, Descartes reconnaît une possibilité de division infinie réelle de la matière, et non indéfinie[6]. Il ne semble donc pas rigoureux de recouvrir la distinction infini métaphysique / infini mathématique par la distinction entre infini/indéfini, et, par voie de conséquence, de reconnaître une homonymie sans fondement dans l'emploi du mot « infini » dans ces deux domaines. Descartes est trop rigoureux, trop

---

4   C'est-à-dire que l'infini mathématique soit affecté d'une façon qu'il faudrait déterminer, par la primauté épistémologique de l'infini métaphysique.

5   Nous utilisons des guillemets car l'infini « qualitatif » fait tout de même entrer des considérations quantitatives.

6   Ce qui pose à nouveaux frais la question du statut des infinitésimaux chez Descartes, et, très indirectement, celle de la limite.

mathématicien, pour accepter une homonymie qui ne recouvrirait pas une synonymie.

Or, nous savons que pour Descartes, ce qui est infini est ce qui se situe au-delà de notre compréhension, ce que nous ne pouvons « embrasser » par la pensée[7], et qui est pour cette raison hors de proportion. L'infini, conçu comme immensité hors de portée de la compréhension de l'intellect, explique à la fois que Dieu, puisqu'il est infini, ne soit pas saisi distinctement[8], d'une part, et que les considérations infinistes ou infinitaires soit rejetées hors de la pratique mathématique, puisqu'elles introduisent de l'approximation, là où cette discipline est soumise à des contraintes d'exactitude. Nous proposons, pour désigner ce trait commun de l'infini dans ses deux usages métaphysique et mathématique, sinon son être commun, par un terme unique, celui d'*incommensurabilité* paraissant adéquat[9]. L'incommensurabilité divine nous le rend incompréhensible et l'incommensurabilité des quantités aussi bien infinitésimales qu'infiniment grandes renvoie à l'absence d'opérations appropriées pour les manipuler[10]. L'infini échappe par définition à toute tentative de détermination, sous peine de le nier, c'est-à-dire de le finitiser.

Il nous semble ainsi que cette propriété essentielle d'incommensurabilité soit la raison du rôle théorique fondamental que l'infini, tel qu'il est redéfini par Descartes, joue dans sa métaphysique (1) ; et de l'interdiction (officielle seulement) d'en faire un outil en mathématique (2).

---

7   À *Mersenne*, 27 mai 1630, AT, I, 152 : « […] on peut savoir que Dieu est infini […] encore que notre âme étant finie ne le puisse comprendre, […] de même que nous pouvons bien toucher avec les mains une montagne, mais non pas l'embrasser comme nous ferions un arbre, ou quelque autre chose que ce soit qui n'excédât pas la grandeur de nos bras : car comprendre c'est embrasser par la pensée, mais pour savoir une chose, il suffit de la toucher de la pensée ».

8   Mais seulement clairement. En reprenant les termes de la note 6, nous pouvons « savoir » que Dieu est infini, car nous le voyons clairement, sans pour autant comprendre cette infinité, c'est-à-dire la saisir disinctement. Comme on le sait, la distinction entraîne logiquement la clarté, et non l'inverse.

9   Nous reviendrons plus bas sur le souhait de Descartes plus radical encore de trouver un autre mot que celui d'« infini » qu'il jugeait impropre dans la mesure où il est fonction de celui de « fini », qui lui est pourtant logiquement et ontologiquement postérieur.

10 Ce qui explique le rejet cartésien de l'adégalisation fermatienne, que nous examinerons plus bas.

UNE NOUVELLE CONCEPTION
MÉTAPHYSIQUE DE L'INFINI

L'INFINI : DE L'IMPARFAIT AU PARFAIT

Pendant des siècles, les philosophes et les mathématiciens ont regardé l'infini avec la plus grande méfiance, jusqu'à ce qu'il devienne métaphysiquement (au XVIIᵉ siècle) et mathématiquement (XVIIIᵉ-XIXᵉ siècles) central. Nous n'allons pas retracer ici l'histoire des conceptions mathématico-métaphysiques de l'infini depuis l'Antiquité[11], mais seulement poser rapidement quelques jalons qui permettent de rendre intelligible le geste cartésien, et en manifeste toute l'originalité et radicalité[12].

Pour Aristote, l'infini est un attribut et ne désigne pas quelque chose de positif. Il s'agit d'une privation (on ne peut assigner une limite définissable à une quantité infinie), dès lors synonyme d'imperfection (la perfection renvoyant à ce qui a un « contour » défini). Indétermination et imperfection sont donc les deux prédicats de l'infini. Selon Aristote, du côté des philosophes, l'infini ne peut donc être ni substance, ni cause, et, de leur côté, les mathématiciens n'en ont pas besoin, car il leur suffit de prendre des quantités aussi grandes qu'ils veulent, celles-ci restant toutefois limitées[13].

La figure de l'infini aristotélicien peut ainsi se caractériser essentiellement par les traits suivants : 1/ affirmation d'une certaine forme d'existence de l'infini, tirée d'un raisonnement général par l'absurde qui en montre la nécessité physique (impliquant à son tour une *opération de divisibilité* nécessaire, à savoir dont le contraire impliquerait une contradiction mathématique) ; 2/ affirmation de son existence en puissance : « *infinitum in actu non datur* », selon l'adage médiéval ; 3/ l'infini (potentiel) est un prédicat, et non une substance ; 4/ l'infini est prédicable exclusivement de la catégorie de la quantité, ce qui signifie que l'infini ne peut être lié en aucun cas à la catégorie de qualité, d'où son impossibilité, par définition, à équivaloir à la perfection. Ce dernier

---

11 Il existe d'excellents ouvrages sur la question, dont celui de Tony Lévy [10].
12 Ce pourquoi, par exemple, nous n'évoquerons pas Platon sur le sujet, en dépit de son importance pour la question de l'infini, mais commencerons par Aristote.
13 *Physique*, Livre III, chapitre 7.

point n'est d'ailleurs remarquable que d'un point de vue rétrospectif, c'est-à-dire à partir du moment où l'on prend en compte la valorisation dont va bénéficier cette notion d'infini avec la développement de la pensée occidentale (à partir de son origine biblique).

L'exigence de connaître la nature, c'est-à-dire le cosmos, conduit Aristote à attribuer une certaine existence à l'infini, fondée sur le mode opératoire de divisibilité d'une grandeur à l'infini. En effet, trois choses doivent être expliquées : le fait que (i) la division des grandeurs physiques n'a pas de terme (la dichotomie); (ii) l'augmentation du nombre n'en connaît pas davantage; (iii) le mouvement des sphères n'a ni origine ni fin. La définition générale de l'infini est donnée comme suit par Aristote : « il est ce qui comporte un parcours sans fin, ou ce qui se parcourt à peine, ou ce qui par nature peut êre parcouru mais n'a ni parcours ni limite [...][14] ».

Or, sans l'affirmation de ce processus de divisibilité ou d'augmentation sans fin, qui constitue la figure aristotélicienne de l'infini, on serait conduit à des contradictions. En effet, respectivement, pour le point (i), soit un segment, nous pouvons le diviser en 2, puis en 3, puis en n parties, sans qu'il soit impossible de poursuivre la division[15]. Ce serait admettre, dans le second cas (ii), qu'il existe un nombre maximum, mettons N; ce qui est contradictoire, puisque nous pouvons toujours ajouter une unité à ce nombre N, et poser N+1, puis, ensuite, N+1+1 (et, au fond, même si Aristote ne le dit pas, N+N, N^N, etc.). Et enfin, il est absolument contraire à la nature parfaite, et donc éternelle, du mouvement circulaire, de supposer qu'il a eu un commencement, un moment M, et une fin, un moment F, bref, un avant et un après du temps. Le mouvement éternel suppose alors un mouvement infini.

L'essence d'une telle infinité est définie par Cantor dans « Les fondements d'une théorie générale des ensembles[16] ». Selon l'analyse de Cantor, Aristote ne considère que l'*infini improprement dit*[17], à savoir, « une

---

14 *Physique*, III, 4, 204a, 5-6, trad. A. Stevens, Paris, Vrin, p. 137.

15 Ce qui est l'objet des paradoxes de Zénon d'Elée qu'Aristote énonce et discute dans le Livre VI de la *Physique*.

16 « Ueber undendliche, lineare Punktmannichfaltigkeiten », paru en 1883 dans les *Mathematische Annalen*, XXI, 545-586, traduit par J.C. Milner, « Fondements d'une théorie générale des ensembles », dans les *Cahiers pour l'analyse*, n. 10, « La formalisation », p. 35-53. Les italiques sont du traducteur. Le § 4 traite de la conception d'Aristote.

17 « Uneigentlich-unendliche », p. 546.

grandeur variable, croissant au-delà de toute limite ou bien décroissant autant que l'on voudra » (on aura reconnu l'infini utilisé en mathématiques jusqu'à Cantor)[18]. En somme, dit Cantor, il s'agit en réalité d'une grandeur « demeurant toujours *finie* », c'est « un *fini variable* ».

La nature d'une telle existence, c'est le deuxième trait caractéristique de l'infini aristotélicien, n'est déterminée que par la façon dont Aristote a recours à l'infini pour rendre compte d'une existence non contradictoire de l'infini. En effet, si l'infini existe d'une certaine manière, on ne peut cependant lui attribuer une existence absolue, en acte, car cela contreviendrait à la priorité accordée par Aristote au fini, à la détermination. Si l'infini existait absolument, il faudrait penser la possibilité d'un Être infini. Or, une telle possibilité engendre des contradictions. En effet, étant donné que l'infini renvoie à ce qui peut être parcouru, il va de soi qu'une telle substance serait susceptible de division. Or, si tel est le cas, il faudrait que ses parties soient homogènes, à savoir infinies, puisque toute partie d'une substance est aussi cette substance. Par conséquent, l'infini serait divisible en infinis. Ce qui n'est pas possible pour Aristote, une entité ne pouvant comprendre une pluralité d'infinis[19]. Par conséquent, selon cette approche, un usage non contradictoire de l'infini est fondé sur la nature potentielle et non actuelle de celui-ci.

Ainsi, pour Aristote, l'infini ne peut renvoyer à un infini véritable, en acte, à un tout (où l'unité est supposé), celui-là même qui sera le seul, proprement dit, admis par Descartes. En effet, eu égard à son caractère « achevé », seul le fini peut-être conçu comme réalisé, c'est-à-dire en acte, par opposition à la nature « toujours inachevée » de l'infini. C'est pourquoi, dans la pensée d'Aristote, le caractère « en puissance » de

---

18   « Fondements d'une théorie générale des ensembles », dans les *Cahiers pour l'analyse*, p. 35.

19   Sur ce point, et sur d'autres, nous renvoyons à l'étude de T. Lévy, *Figures de l'infini*, p. 35-37. Selon lui, le refus aristotélicien serait fondé sur deux énoncés. Citons-le : « d'une part, le tout est plus grand que sa partie, d'autre part, un infini ne saurait être plus grand qu'un autre infini. Le premier énoncé sera formulé nettement, pour la première fois, dans l'ouvrage canonique de l'histoire des mathématiques, les *Éléments* d'Euclide, vers le IIIᵉ siècle avant J.-C. On ne le trouve pas dans le texte d'Aristote, dont les enseignements précèdent de quelques années seulement la date présumée de la rédaction du corpus euclidien. Le deuxième énoncé, apparemment, repose sur le précédent : si une totalité quelconque est infinie et que l'une de ses parties est infinie, le tout étant plus grand que ses parties, cette totalité infinie représentera un infini plus grand qu'un autre infini, ce qui est proprement absurde ».

l'infini, le fait se rapprocher de la matière[20]. Car, en dernière analyse, de la même manière que la matière se rapporte à une forme qu'elle actualise, l'infini « réalisé » renvoie à quelque chose de fini, ainsi qu'on le voit dans l'exemple de la ligne : on peut la diviser toujours sans arrêter le processus de division, mais, en retour, ce que la recomposition nous permet d'obtenir, si toutefois on peut parler de recomposition, c'est la ligne elle-même, mettons AB, circonscrite entre les points A et B (« dans la chose finie, l'infini par addition advient inversement, car, dans la mesure où l'on voit la chose divisée à l'infini, augmentée d'autant, elle apparaît aller vers le défini[21] »). C'est pourquoi Aristote peut dire que : « L'infini est la matière de l'achèvement de la grandeur et l'entier en puissance[22]. » « Est donc infini ce dont, en le considérant selon la quantité, on peut toujours saisir quelque chose au-delà[23] ».

Qu'il s'agisse du processus d'augmentation ou de division, comme le dit clairement Tony Lévy, « la division, comme la composition, n'est qu'en puissance : pas plus qu'on peut "compter" une infinité de termes, on ne pourra les "sommer" ». C'est pourquoi il fait remarquer que l'on ne pourra pas attribuer à Aristote l'idée de « limite », ni, par conséquent, celle de « passage à la limite[24] ». Conséquemment, ontologiquement, ce qui est par essence indéterminé et imparfait ne peut être substance. C'est sur ce point qu'il nous faut insister. En effet, si chez Aristote l'infini est un processus de continuation, d'augmentation, soit par addition successive comme pour N (0, 1, 2, ...) ; soit par division successive, comme pour un segment de droite qu'on diviserait en deux, puis en quatre, etc. (1/2, 1/4, 1/8, ...), en tant que processus, l'infini est donc toujours en puissance, potentiel, et jamais en acte, c'est-à-dire comme quelque chose de donné comme infini. Le fait de ne pouvoir concevoir l'infini en acte en fait un possible, ce qui amoindrit sa consistance ontologique.

L'évolution méliorative de cette notion est connue. L'infini va acquérir une connotation positive, dans l'Occident médiéval, à partir du texte

---

20 Tout le contraire du divin dans sa simplicité et transcendance en somme.
21 *Physique*, III, 206b, 5-9, p. 144.
22 *Idem*, III, 6, 207a, 22-23, 146.
23 *Id.*, p. 145.
24 P. 233. En effet, Aristote ne dit pas que la somme infinie issue de la progression géométrique décroissante : 1/2+1/4+1/8+... égale à 1 (comme limite), puisqu'il lui faudrait accepter d'opérer un passage à la limite que l'inépuisabilité de la grandeur ainsi divisée.

biblique[25]. Le changement se produit à deux niveaux, théologique et mathématique. D'abord théologique, puisque le Dieu de la Bible est conçu sans borne, absolument transcendant, incompréhensible, et va s'apparenter progressivement à un être infini. L'infini acquiert peu à peu une primauté sur le fini, car il est synonyme de puissance (au sens de pouvoir). La perfection ne renvoie alors plus à la finitude, mais à l'infinité, la finitude indiquant le caractère borné, limité, d'une chose, son impuissance en quelque sorte[26]. Dès lors, si la perfection renvoie à l'infini, la détermination, qui est principe de limitation, de définition, n'est plus le critère de la perfection. Point qu'il ne faudra pas oublier, puisqu'il explique selon nous les hésitations cartésiennes.

D'un point de vue mathématique, l'infini alimente les spéculations. Contentons-nous de l'infiniment grand. Au IXe siècle, le mathématicien Thabit Ibn Qurra[27], considérant l'infini comme nombre, envisage une arithmétique de l'infini. En fait, il pense qu'il y a plusieurs infinis, mais qu'ils sont tous de la même taille. Voici ce qu'il dit :

> Il apparaît aussi que l'infini peut être le tiers de l'infini, ou le quart ou le cinquième ou toute autre partie du nombre infini lui-même. Car les nombres qui ont un tiers [les multiples de trois] sont infinis et ils constituent le tiers du nombre dans sa totalité[28].

Bien plus tard, au XIIIe siècle, à l'instar de Thabit Ibn Qurra, Robert Grosseteste[29] affirme la pluralité des infinis, mais à la différence du

---

25 Dans ce contexte, même si Descartes ne la connaît probablement pas, la tradition juive est implicite, étant donné qu'elle irrigue visiblement l'esprit des religions du Livre. On notera que Maïmonide (1138-1204), le philosophe juif qui opéra la synthèse du mono-théisme de la Torah et de la philosophie d'Aristote, insiste sur l'absolue transcendance de Dieu, et sur sa simplicité. Ces deux traits du divin renvoient à son incommensurabi-lité par rapport aux créatures. La distance entre lui et nous est pour ainsi dire infinie. Le philosophe Hasdaï Crescas (1340-1410), bien qu'opposé à ce dernier sur des points importants, utilisera l'idée de l'incommensurabilité entre infini et fini pour expliquer l'incommensurabilité qui existe entre Dieu et ses créatures. À ce sujet, nous renvoyons à l'étude de de Tony Lévy [10], p. 205.

26 Il suffirait d'un seul exemple, qui permet de faire la transition entre le Moyen-âge et le XVIIe siècle : Nicolas de Cues.

27 Mathématicien, astronome, médecin et philosophe arabe, né en 836 en Syrie, mort en 901 à Bagdad.

28 Cité dans T. Lévy, [10], p. 104.

29 Savant et théologien anglais, né à Stradbroke (comté de Suffolk) vers 1175 et mort à Buckden (comté du Yorkshire) en 1253.

mathématicien de Bagdad, il nie qu'ils soient tous égaux et considère qu'il y a des infinis de différentes tailles. Écoutons Grosseteste :

> Il y a des infinis plus grands que d'autres infinis et des infinis plus petits que d'autres. La collection des nombres tant pairs qu'impairs est infinie ; et elle est donc plus grande que la collection de tous les nombres pairs, et elle est néanmoins infinie. Car elle l'excède par la collection de tous les nombres impairs[30].

La fin de la lettre à Mersenne du 15 avril 1630, se fait l'écho de ces discussions, puisqu'il porte sur ce double problème de (i) l'existence de la pluralité d'infinis et sur (ii) celui de savoir s'ils sont ou non de la même taille. En effet, Descartes y affirme qu'il peut bien exister plusieurs infinis de différentes tailles :

> Mais un infini ne peut être plus grand que l'autre. Pourquoi non ? *Quid absurdi*? [...] Et de plus, quelle raison avons-nous de juger si un infini peut être plus grand que l'autre, ou non ? vu qu'il cesserait d'être infini, si nous le pouvions comprendre[31].

Cette affirmation dissimulée derrière une question est révélatrice de la centralité de cette notion d'infini dans la pensée de Descartes, à l'origine, nous semble-t-il, de la révolution philosophique et scientifique que celle-ci opère.

LA RÉVOLUTION CARTÉSIENNE

Si Descartes, pas davantage que Galilée d'ailleurs, ne parvient pas à résoudre ce problème de l'infini quantitatif, nous pensons que la IIIe méditation constitue un effort de théorisation et de thématisation de l'infini, et qu'ainsi Descartes introduit une rupture dans l'histoire du rapport de la pensée rationnelle à l'infini. Les raisons suivantes, nous semble-t-il, justifient ce point :

---

30 *Idem*, p. 145. On voit bien que ces conceptions n'inaugurent pas le geste de Dedekind et de Cantor. En effet, contrairement à ce que pensait Grosseteste, c'est justement la possibilité d'une mise en correspondance biunivoque (bijection) d'un tout avec l'une de ses parties qui caractérise l'infini (N avec 2N, ou 3N, etc.) ; et, contrairement à ce que croyait Thabit Ibn Qurra, il y a des infinis plus grands que d'autres : l'infinité de N, par exemple, ne contient pas « assez » d'éléments pour épuiser celle de R, ne serait-ce qu'un de ses intervalles, tel [0,1] (l'infini dénombrable est plus petit que l'infini indénombrable).

31 *Lettre à Mersenne du 15 avril 1630* ; AT I, 146.

(i) Certes Aristote aborde théoriquement la possibilité de l'infini, mais uniquement sous l'angle de la potentialité et non de l'actualité, non comme un tout, comme on l'a vu. À l'opposé, l'infini dont parle Descartes est pris positivement, en acte, et est considéré comme ontologiquement supérieur au fini, s'apparentant dès lors dans un second temps à la perfection. Il nous semble qu'il faut attendre Descartes pour qu'il y ait une tentative philosophique cohérente de traiter l'infini pris en ce sens.

(ii) Cette approche de l'infini « véritable », synonyme de perfection, permet alors à Descartes d'introduire Dieu, où s'origine l'infini, dans le discours démonstratif de la raison naturelle. Dès lors, le Dieu infini ne relève plus exclusivement du champ théologique, de la Révélation, mais constitue désormais un objet recevable[32] pour un traitement rationnel. Leibniz et Spinoza tireront les conséquences de ce nouveau rapport de la raison à l'infini.

On nous objectera peut-être que Descartes n'est pas le premier à faire du Dieu-infini un objet de la raison, puisque Giordano Bruno et Nicolas de Cues, par exemple, ont tenté, eux aussi, d'introduire cet objet dans le champ de la raison humaine. Cela dit, nous pensons que ce que fait Descartes est radicalement différent. En effet, Descartes enracine l'infini dans notre pensée rationnelle (c'est ce dont part la démonstration), tandis que l'argumentation du cusain suppose un passage à la limite (certaines figures géométriques sont limites d'autres figures, tout comme le cercle est limite d'un polygone dont le nombre de côtés croît indéfiniment), et Bruno sur l'intuition de la présence de l'infini dans la nature, comme manifestation divine[33]. Or pour Descartes, l'infini ne se pense pas comme dépassement d'une limite, d'une possibilité d'augmentation sans limite, et ne peut venir non plus d'un rapport à la nature, de l'empirie, car il s'agit d'une idée innée.

(iii) La façon dont l'infini est introduit et est travaillé conceptuellement diffère par rapport à ce qui précède. Du côté de la tradition, pour Thomas ou Duns Scot par exemple, l'infini est le résultat d'une démarche, en tant qu'attribut divin. En revanche, Descartes effectue son travail démonstratif

---

32 De la même façon que les courbes qui sont données par une équation polynomiale sont recevables en géométrie.

33 Sans compter que pour Bruno, l'univers est véritablement infini, alors qu'il est seulement indéfini chez Descartes.

à partir et *sur* l'idée d'infini. Ce qui est nouveau est que l'idée d'infini constitue le matériau qui donne sa structure à la démonstration.

(iv) L'infini devient le fondement de la connaissance.

(v) La priorité logique de l'idée d'infini par rapport à l'idée de fini, énoncée dans les célèbres lignes suivantes :

> Et je ne me dois pas imaginer que je ne conçois pas l'infini par une véritable idée, mais seulement par la négation de ce qui est fini, de même que je comprends le repos et les ténèbres par la négation du mouvement et de la lumière : puisque au contraire je vois manifestement qu'il se rencontre plus de réalité dans la substance infinie que dans la substance finie, et partant que j'ai en quelque façon *premièrement en moi la notion de l'infini, que du fini, c'est-à-dire de Dieu que de moi-même*[34].

Qu'est-ce qui autorise un tel changement ? La racine de la révolution cartésienne consiste à considérer positivement l'idée d'infini, d'un point de vue non seulement ontologique, mais également logique et intellectuel (c'est-à-dire qu'elle possède une priorité dans mon esprit), ce qui implique sa priorité par rapport à l'idée de fini. Le fini est un défaut d'infini, ce que la IVe partie du *Discours* traduit en termes de perfection et d'imperfection, lesquels dérivent de l'infinité divine, et que reformule la réponse que Descartes donne à Burman :

> Car, en réalité, l'infinie perfection de Dieu précède notre imperfection, puisque notre imperfection est un défaut et une négation de la perfection de Dieu ; et, tout défaut, tout comme toute négation, présuppose la chose dont il est défaut et négation[35].

Cela signifie que ce qui est premier dans la réalité (ontologiquement) l'est aussi (par conséquent) dans notre esprit (théoriquement).

Cette nouveau type de relation à l'infini, comme idée consubstantielle à notre pensée, précédant celle de fini, pas seulement ontologiquement (comme le pensaient Thomas et Scot), mais aussi théoriquement, permet à Descartes de déduire ou de poser, dans le mouvement même de sa démonstration, un *ens*, Dieu.

---

34 AT, VII, 45. Nous soulignons.
35 16/04/1648, AT V 153. « Nam in re ipsa prior est Dei infinita perfectio, quam nostra imperfectio, quoniam nostra imperfectio est defectus et negation perfectionis Dei ; omnis autem defectus et negatio praesupponit eam rem a qua deficit, et quam negat ». Nous avons traduit.

CONSÉQUENCES

LA DÉMARCHE DÉDUCTIVE

Décrivons le mouvement de pensée, traduit au niveau déductif, impliqué par le changement de position et de primauté entre fini et infini.

Descartes soutient qu'une telle idée d'infini, en acte[36], ne peut être le produit d'un être fini, limité. Ainsi, nous ne pouvons en être l'auteur[37]. En voici la raison : cette idée d'infini implique nécessairement, chez celui qui la possède, une opération qui consiste à augmenter sans limitation. Or, Descartes prétend qu'on ne peut penser une augmentation, même seulement indéfinie, si un terme infini n'est pas dans la réalité d'abord donné. L'indéfini lui-même suppose alors l'infini. Dit autrement, si on suppose provisoirement que la distinction indéfini/infini recouvre celle qui existe entre infini potentiel/actuel, alors Descartes dirait que l'infini potentiel suppose l'infini en acte. Ce qui signifie que l'idée de « sans terme », « d'absence absolue de borne », suppose ce qui est en réalité absolument sans borne, à savoir l'infini en acte.

> Lorsque je fais réflexion sur moi, non seulement je connais que je suis une chose imparfaite, incomplète, et dépendante d'autrui, qui tend et qui aspire sans cesse à quelque chose de meilleur et de plus grand que je ne suis, mais je connais aussi, en même temps, que celui duquel je dépends, possède en soi toutes ces grandes choses auxquelles j'aspire, et dont je trouve en moi les idées, non pas indéfiniment et seulement en puissance, mais qu'il en jouit en effet, actuellement et infiniment et, ainsi qu'il est Dieu[38].

L'entendement, ayant la faculté de saisir l'absence actuelle de borne, détient donc cette opération d'augmenter jusqu'à l'infini, alors qu'il est lui-même fini. Dès lors, une telle opération, pour Descartes, suppose l'idée d'infini, qui n'est donc pas dérivée de quelque être fini, nous-mêmes ou bien quelque être extérieur à nous (ce n'est pas une idée factice), et encore moins du sensible (ce n'est pas une idée adventice) ;

---

36 Réinsistons sur le fait que cette idée d'infini suppose l'infinité réalisée. Il ne s'agit donc pas de cet infini que Cantor qualifie de fausse, et qui renvoie à l'idée d'une augmentation sans borne, ou infini potentiel.

37 Tout cela se trouve dans le premier moment de la démonstration de la IIIe méditation.

38 AT IX, p. 41.

l'idée d'infini est au contraire la source du raisonnement qui va aboutir à saisir l'être infini.

Ainsi, cette opération « infinitaire » n'existerait pas si une telle idée ne provenait pas d'un être infini : on ne peut rendre compte de la réalité objective de l'idée d'infini (son contenu) que par l'existence d'un être lui-même infini. Écoutons ce que Descartes répond à Hyperaspistes :

> Maintenant, qu'il y ait dans l'esprit une faculté d'amplifier les idées des choses, je ne l'ai pas nié ; mais j'ai souvent montré que les *idées amplifiées* de la sorte ne pourraient être dans l'esprit, pas plus que *la faculté d'ainsi les amplifier*, si l'esprit lui-même ne venait de Dieu, en qui toutes les perfections qui peuvent être atteintes par cette amplification existent véritablement ; et je l'ai prouvé par ceci que rien ne peut être dans l'effet qui n'ait préexisté dans la cause[39].

Le raisonnement spécifique impliqué par la présence innée de l'idée d'infini (en acte) dans notre esprit trouve donc sa nécessité (son unique explication) dans l'existence d'un être infini (i.e existant hors de nous). On obtient donc le schéma suivant :

Infini (en acte) ⇐ idée d'infini ⇐ opération « infinitaire »

Les ⇐ signifient « suppose ». L'existence de l'infini en acte est l'origine de mon idée innée d'infini, ce qui rend possible et donc légitime l'opération « infinitaire » qui invalide le postulat de l'impossibilité (de l'interdit) d'une régression à l'infini.

Ce geste cartésien a évidemment des conséquences sur la structure de la preuve. Dans ses *Entretiens sur Descartes*, Alexandre Koyré nous propose cette explication :

> [...] la logique cartésienne a détruit la structure logique de ces preuves [les preuves thomistes de l'existence de Dieu], toutes fondées sur l'impossibilité d'une série actuellement infinie[40].

---

39 AT, III, 427 : "*Quod vero facultas sit in mente ad rerum ideas ampliandas, non negaui ; sed quod in ea esse non possint ideae istae ita ampliatae, et facultas in eum modum eas ampliandi, nisi ipsa mens a Deo sit, in quo omnes perfectiones, quae per istam ampliationem attingi possunt, reuera existant, saepe inculcaui ; et probaui ex eo, quod nihil esse possit in effectu, quod non praeextiterit in causa* [...]", trad. A. Bridoux, p. 1132-1133.

40 *Entretiens sur Descartes*, p. 213.

En effet, l'adage médiéval, « il est nécessaire de s'arrêter dans la série causale », qui considère qu'une régression à l'infini est impossible, n'est pas un axiome cartésien. Bien au contraire, il est impossible d'arrêter la série, la régression, depuis notre idée de fini, en passant par une suite d'idées de finitude moindre à chaque étape, jusqu'à ce qu'on atteigne, comme terme, l'idée d'infini. Nous devons reconnaître que la régression d'une idée à la suivante (il faudrait dire précédente, dans l'ordre ontologique), chacune représentant à chaque fois un degré moindre de finitude, correspondant à une étape dans la série qui nous sépare de l'infini, est elle-même nécessairement et pour cette raison, infinie. En somme, il est toujours possible d'intercaler une idée de degré de finitude moindre entre chaque étape, et évidemment entre ce que nous croyons être le dernier degré de (moindre) finitude immédiatement avant l'idée d'infini. Il n'est pas absurde de dire que, si l'idée d'infini n'est pas le terme d'une série, mais la limite d'une série infinie (comme dans le cas de l'intervalle [0,1] de R), l'idée de limite (au sens mathématique) est alors fondée sur l'idée d'un infini en acte.

Il s'ensuit la chose suivante : puisqu'il existe une série infinie d'étapes entre ma finitude et l'infini, la démonstration contient implicitement l'infini en acte. Conséquemment, non seulement « il est nécessaire de s'arrêter dans la série causale » n'est pas un axiome cartésien, mais c'est le contraire qui est impliqué par l'idée d'infini, telle qu'elle constitue le résultat de la démarche cartésienne de cette IIIe méditation : le contenu de notre idée innée positive (antériorité ontologico-logique) d'infini rend impossible tout arrêt de la régression. Ainsi, selon Descartes, la régression infinie est établie, et cette régression implique parce qu'elle le suppose *l'infinitu in actu*.

CONTRADICTION
AVEC LE « CONSTRUCTIVISME » CARTÉSIEN ?

Cette possibilité d'une preuve contenant actuellement un nombre infini d'étapes soulève un problème vis-à-vis de la théorie cartésienne de la démonstration[41]. La contradiction réside dans le fait que si la démonstration de l'existence de Dieu par l'idée d'infini est effectuée en un nombre fini d'étapes (quelques paragraphes), elle a néanmoins un

---

41   Telle qu'on peut la dégager des *Reguale* et du *Discours* principalement.

statut particulier puisqu'elle suppose une série infinie donnée (en acte). Or, selon Descartes, on ne peut accepter une déduction (une démonstration, une preuve) que si elle contient un nombre fini d'étapes. En suivant l'analyse de Giorgio Israel[42], on peut dire que cette conception fait partie de la conception constructiviste cartésienne de l'analyse, puisque chaque déduction consiste en une chaîne finie d'intuitions, dans laquelle chaque étape (maillon) est identifiée en tant que tel[43].

Comment répondre à cette objection ? Il s'agira d'abord de se souvenir que cette série infinie est *autorisée par une idée*, une intuition, précisément par l'idée innée d'infini qui est le terme (limite) de la série. Ce n'est pas les étapes en nombre infini qui donne l'infini, comme résultat *a posteriori*, car on raisonnerait alors de manière empirique, par progression, comme dans le sensible[44] ; à l'inverse, c'est l'infini qui rend possible *a priori* de penser une série qui comporte un nombre infini d'étapes ou de maillons.

Ce point essentiel trouve un appui dans un élément de la philosophie d'Albert Lautman, développé dans le chapitre III de la première partie de sa thèse principale pour le Doctorat, *Essai sur les notions de structure et d'existence en mathématique*[45]. Si on se rappelle que l'Absolu dont parle Lautman correspond à la perfection de la IVe partie du *Discours*, et à l'infini des *Méditations*, cette opération infinitaire cartésienne ne peut être considérée comme une imagination métaphysique.

Lautman voit d'abord dans cette démarche « ascendante », ce mouvement de « montée » vers l'absolu, la présence tout à fait originale et anticipatrice d'une démarche mathématique du XIXe siècle. Sans expliquer ce texte dans ses détails mathématiques, indiquons-en le principe[46]. Lautman entend montrer, en comparant certaines démarches des mathématiques du XIXe et XXe siècles, et en prenant l'exemple de trois théories algébriques, la théorie de Galois, la théorie du corps de

---

42 "The analytical method in Descartes' *Géométrie*", in, *Analysis and Synthesis in Mathematics : History and phylosophy*, edited by Otte M. et Panza M, Dordrecht, Kluwer, 1997.

43 La conception de Descartes s'oppose ainsi à celle de Leibniz qui autorise les démonstrations infinies concernant les vérités contingents.

44 Il s'agit du « mauvais infini » dont parle Cantor.

45 In *Essai sur l'unité des mathématiques et divers écrits*, Paris, 10 18, 1977.

46 Nous voulons montrer que la démonstration cartésienne n'est pas infondée d'un point de vue rationnel. Qu'une démonstration d'algèbre du XIXe siècle possède la même structure logique n'établit pas de manière incontestable la vérité de la démonstration cartésienne, mais permet du moins de ne pas la juger absurde, et nous invite *a fortiori* à la prendre au sérieux.

classes de Hilbert et le problème de la surface universelle de recouvrement (appelée aujourd'hui revêtement universel d'une variété), que la démarche suivie par Descartes dans la 4ᵉ partie du *Discours de la méthode*, qui vise à démontrer l'existence de Dieu comme être parfait, à partir de l'idée d'imperfection, se retrouve dans la constitution de ces théories[47].

La démarche utilisée par Descartes est fondée sur le rapport entre imperfection et perfection, qui constitue une Idée dialectique pour Lautman, c'est-à-dire une trame logique, à laquelle obéit le mouvement de ces théories. En prenant l'exemple de la théorie de Galois, Lautman explique :

> Cette imperfection [du corps de base, *k*] réside en ce qu'il est besoin d'une extension de degré *n* pour passer du corps *k* au corps K qui contient toutes les racines du polynôme en question et elle est mesurée par l'ordre du groupe de Galois attaché à l'équation[48].

En laissant de côté la préoccupation lautmanienne qui voit dans toute pensée véritable un mouvement dialectique, cette interprétation nous permet de réaffirmer deux choses : c'est bien (la nature infinie du) processus d'épuisement ou d'élimination des défauts corrélatifs de l'être imparfait (dans le cas de la preuve de la 4ᵉ partie du *Discours*), ou des degrés de finitude (dans le cas de la 3ᵉ *Méditations*), lesquels mesurent la distance qui nous sépare de l'être parfait/infini, qui aboutit à prouver respectivement l'existence du Parfait ou de l'Infini (de l'être parfait et infini) par le fait qu'il les suppose.

> Il y a dans la métaphysique cartésienne une démarche dialectique essentielle : le passage de l'idée d'imperfection à l'idée de perfection et à Dieu qui est cause de la présence en nous de l'idée de parfait[49].

Si, en passant du *Discours de la méthode* aux *Méditations métaphysiques*, nous substituons le couple « infini/fini » à celui de « parfait/imparfait »,

---

47 Lautman veut montrer qu'il existe une communauté de démarche entre les démonstrations de Descartes et celles de certains algébristes. Le but général de Lautman est énoncé ainsi : « Nous voudrions avoir montré que ce rapprochement de la métaphysique et des mathématiques n'est pas contingent mais nécessaire », in *Nouvelles recherches sur la structure dialectique des mathématiques, idem*, p. 203.

48 p. 69. « Soit K le corps obtenu en ajoutant à *k* l'une des racine a_1 du polynôme. Cette extension K de *k* s'écrit $k(a_1)$. Si les *n* corps conjugués $k(a_1) \ldots k(a_n)$ coïncident, le corps unique K ainsi défini contient toutes les racines du polynôme $f(x)$ et est dit galoisien par rapport à *k*. », p. 68.

49 p. 66.

on peut décrire la démarche cartésienne comme le passage de l'idée de fini à l'idée d'infini et à celle de Dieu qui est cause en nous de l'idée d'infini. Mais avons-nous le droit d'opérer cette substitution et de nous approprier ainsi le propos de Lautman ? Car Lautman exclut un processus infini entre le plus haut degré d'imperfection et l'absence de finitude. La démarche algébrique[50] ne contient pas l'existence d'un nombre infini d'étapes entre le corps de base k (« imparfait ») et le but K (qui sera « parfait » dans la mesure où il contient toutes les racines du polynôme, sans référence à son sens algébrique) puisqu'il existe « un but », « un terme de la montée ». Il explique que :

> Les données initiales impliquent alors non seulement l'existence du but et l'écart qui le sépare du corps de base, mais aussi le nombre exact des étapes à accomplir pour arriver à lui[51].

Mais, mais ne doit-on pas considérer que la distance qui sépare le point de départ du terme de la remontée constitue une série infinie dans le cas où le « but » serait l'idée d'infini ? En effet, si, dans l'argumentation de Lautman, le « but » est la condition de possibilité de la démarche qui nous y fait parvenir, alors cette idée innée d'infini implique un nombre d'étapes lui-même infini. Dit autrement, c'est parce que le terme de la démarche de remontée est l'idée d'infini, que la dite série des étapes doit être pensée comme *actuellement* infinie. Car l'infini ne peut pas, en toute rigueur, être atteint en un nombre fini d'étapes[52]. C'est parce qu'il existe un être infini, à savoir le but de la démarche, donné « à l'avance comme terme de la montée[53] », que son « existence est ainsi enveloppée dans[54] » celle de l'être fini (en tant qu'êtres finis, nous avons pourtant en nous l'idée d'infini). Notre possibilité cognitive de procédure d'augmentation à l'infini trouve sa raison dans le fait que l'idée d'infini est ontologiquement et logiquement antérieure à l'idée de fini. Que cette idée d'infini soit à la fois théoriquement antérieure à celle de fini, et qu'elle soit donnée, sont par conséquent les conditions

---

50 Lautmann précise que le processus de la récurrence à l'infini ne vaut que pour l'arithmétique ; *Essai*, p. 68.
51 p. 70.
52 Sans quoi ils seraient finis (imparfaits et relatifs), ce qui est contradictoire.
53 *Idem.*
54 *Id.*, p. 66.

d'une telle démarche, lesquelles ne sont remplies que si l'idée d'Infini se trouve en moi de manière innée. Tout se tient « cartésiennement ». Ainsi,

> [...] l'esprit s'élève à l'absolu en un mouvement dont les démarches sont commandées par le but que l'on aperçoit dès le point de départ[55].

Sans l'idée d'infini (qui impliqe, comme condition nécessaire, l'existence d'un être infini), je ne pourrais opérer cette démarche. L'idée d'infini la rend possible, elle est « commandée » par cette idée. L'idée d'infini possède donc un statut unique, car elle seule, par définition, posant une inifinité de degrés entre ma finititude et l'infinité de Dieu, rend nécessaire une démarche démonstration (celle de la IIIe médita-tion) qui suppose une régression à l'infini. On ne retrouve pas une telle nécessité si on considère l'idée de parfait. C'est pourquoi nous pensons que l'idée d'infini surplombe et entraîne celle de parfait chez Descartes, car le parfait est l'infini sous tous les aspects[56]. Ce que nous lisons dans la IIIe méditation semble confirmer que la perfection de Dieu est fonc-tion de son infinité :

> Mais je conçois Dieu actuellement infini en un si haut degré, qu'il ne se peut rien ajouter à la souveraine perfection qu'il possède. Et enfin je comprends fort bien que l'être objectif d'une idée ne peut être produit par un être qui existe seulement en puissance, lequel à proprement parler n'est rien, mais seulement par un être formel ou actuel[57].

Le « but » est donc ce qui fait de la série qui y tend une série actuel-lement infinie. Il ne faut donc pas *une démonstration de longueur infinie* pour saisir l'idée d'infini. L'idée d'infini est la cause, la raison, de la possibilité d'augmenter à l'infini, mais nulle démarche infinie n'est requise pour établir le lien entre cette raison et cette possibilité. La

---

55 *Id.*, p. 67.
56 Rappelons que le *Discours de la méthode* est une préface aux *Essais* de cette méthode, qui est adressée au plus grand nombre, ce pourquoi Descartes l'a écrit en français. Il n'en va pas de même pour les *Méditations métaphysiques*, écrites en latin. Il peut ainsi paraître plus naturel que Descartes ait utilisé dans le *Discours* l'idée de parfait, puisqu'elle était plus familière que celle d'infini. Mais l'accent qu'il met sur cette dernière, notamment dans sa correspondance, pour parler de Dieu, permet de penser qu'elle lui semblait prioritaire sur l'autre.
57 AT IX, p. 37. C'est bien Dieu qui rend possible que rien ne m'empêche de penser que ma connaissance puisse « s'augmenter de plus en plus jusques à l'infini », p. 37. La perfection est donc fonction de l'infinité.

démonstration de la IIIe méditation ne va donc pas à l'encontre de la nature constructive de la démarche cartésienne. Il ne s'agit évidemment pas de justifier rétrospectivement la démarche cartésienne par le succès mathématique galoisien, mais plutôt de réfléchir sur le fait que Descartes anticipe, dans le champ métaphysique, la structure d'une démonstration qui réapparaîtra dans le champ mathématique deux siècles plus tard, sans qu'aucune référence ne soit faite à lui.

Avec Descartes, l'infini est désormais introduit dans le champ théorique : la raison naturelle démonstrative se voit reconnaître le droit de mobiliser cette idée et, surtout, l'objet auquel elle se réfère.

LE REFUS CARTÉSIEN DE L'INFINI
EN MATHÉMATIQUES

UNE MÉTHODE RESTRICTIVE ?

Si Descartes s'est autorisé à introduire l'infini dans ses démonstrations en philosophie première, faisant reposer l'édition de la connaissance et la raison sur elle, les critères de recevabilité d'une démonstration dans le champ de sa pratique mathématique qu'il énonce lui interdit d'y mobiliser l'infini.

Dans sa *Géométrie* de 1637, Descartes établit une nouvelle façon de procéder en mathématique, qui a connu des prédécesseurs, tel Viète, liée au but qu'il se propose : trouver une méthode de résolution générale des équations algébriques[58]. Dans ce texte, Descartes expose clairement sa pratique : il s'agit d'un nouveau formalisme, de nature algébrique, qui consiste à : (i) poser un problème ; (ii) dégager les éléments impliqués

---

58   Nous pensons, à l'instar d'André Warusfel par exemple, que Descartes cherche une méthode générale pour résoudre les équations algébriques (de degré quelconque donc). Étant donné un polynôme $P(x) = a_0 x^n + a_1 x^{n-1} + \ldots + a_{n-1} x + a_n$, il s'agirait de trouver un algorithme permettant d'en déterminer les racines, ou solutions. Nous pensons que la *Géométrie* a une finalité algébrique, ce qui permet de rendre compte des critères adoptés, mais qu'elle utilise des moyens géométriques, *via* la méthode graphique. Il ne s'agit pas ici de débattre sur la question de savoir s'il existe une priorité de l'algèbre sur la géométrie, ou si c'est l'inverse. Voir sur ce point l'état des lieux sur le sujet dans V. Jullien [7.1], p. 56-61.

par le problème, c'est-à-dire nécessaires à sa résolution (les lignes données en longueur, et/ou en position, tel ou tel angle que plusieurs de ces longueurs forment, etc.) ; (iii) considérer tous ces éléments comme des quantités données, qu'ils soient ou non connus ; (iv) dégager les relations qu'entretiennent entre elles chacune de ces quantités connues et inconnues, afin de les ordonner dans une formule qu'on appelle équation ; (v) et résoudre le problème par un calcul et, mais cela n'est pas obligatoire, par une construction.

Pour cela, en s'exprimant schématiquement, « appliquant » les opérations de l'arithmétique à la géométrie[59], Descartes expose la manière de poser un problème, et définit les opérations requises pour le résoudre dès le début de sa *Géométrie* :

> Et comme toute l'Arithmétique n'est composée, que de quatre ou cinq opérations, qui sont l'Addition, la Soustraction, la Multiplication, la Division, et l'Extraction des racines, qu'on peut prendre pour une espèce de Division :

Ce qui donne :

> Ainsi n'a-t-on autre chose à faire en Géométrie touchant les lignes qu'on cherche, pour les préparer à être connues, que leur en ajouter d'autres, ou en ôter, ou bien en ayant une, que je nommerai l'unité pour la rapporter d'autant mieux aux nombres, et qui peut ordinairement être prise à discrétion, puis en ayant encore deux autres, en trouver une quatrième, qui soit à l'une de ces deux, comme l'autre est à l'unité, ce qui est le même que la Multiplication ; ou bien en trouver une quatrième qui soit à l'une de ces deux, comme l'unité est à l'autre, ce qui est le même que la Division ; ou enfin trouver une, ou deux, ou plusieurs moyennes proportionnelles entre l'unité, et quelque autre ligne ; ce qui est le même que tirer la racine carrée, ou cubique, etc.

Il peut modestement conclure :

> Et je ne craindrai pas d'introduire ces termes d'Arithmétique en la Géométrie, afin de me rendre plus intelligible[60].

Ainsi, Descartes en vient aisément à considérer que ce qui est « traitable » mathématiquement correspond uniquement à ce qui est exprimable algébriquement. On n'acceptera donc en géométrie que les courbes

---

59 L'application de l'arithmétique à la géométrie n'est évidemment pas une définition de l'algèbre.

60 AT VI, 369-370.

données par une équation algébrique, dont le tracé est ininterrompu. Ce qui signifie que seules les courbes algébriques sont des objets légitimes de la géométrie[61].

Cela permet à Descartes d'introduire l'importante et célébrissime distinction intra-mathématique entre courbes recevables, les courbes qu'il appelle « géométriques » mais que nous appelons « algébriques » aujourd'hui, et les courbes non recevables, celles qu'il appelle « mécaniques » et qu'on nomme « transcendantes ». Descartes explicite ce point au début du Livre Second, donnant ainsi un critère algébrique[62] de recevabilité mathématique :

> [...] la spirale, la quadratrice, et semblables, qui n'appartiennent véritablement qu'aux mécaniques, et ne sont point du nombre de celles que je pense devoir ici être reçues, à cause qu'on les imagine décrites par deux mouvements séparés, et qui n'ont entre eux aucun rapport qu'on puisse mesurer exactement [...][63]

Descartes oppose ces courbes illégitimes aux suivantes :

> [...] que tous les points de celles qu'on peut nommer géométriques, c'est-à-dire qui tombent sous quelque mesure précise et exacte, ont nécessairement quelque rapport à tous les points d'une ligne droite, qui peut être exprimé par une équation, et tous par une même[64].

Ceci est évident si l'on prend l'exemple de la quadratrice. En effet, une telle courbe est construite dynamiquement comme le lieu d'intersection des points de deux lignes mobiles. La première ligne,

---

61 Une courbe algébrique est donnée par une équation algébrique, c'est-à-dire par une équation de la forme $F(x,y)=0$, où F est un polynôme qui n'implique que les opérations classiques de l'arithmétique, addition, +, -, x, / et $\sqrt{}$, tandis que les équations non algébriques (transcendantes) impliquent d'autres opérations, tel le sinus, l'exponentielle, etc.

62 En 1619, Descartes avait établi ce critère sous forme géométrique, qui correspondait à l'exactitude et la précision du mouvement employé pour construire une courbe. Différemment, le Livre Troisième de la *Géométrie* donne un critère algébrique, que Descartes considère équivalent au précédent, et qui consiste à caractériser les « bonnes » courbes par leur équation. Cependant, s'il est évident que le premier critère implique le second, la réciproque ne l'est pas. En fait, il a fallu attendre que Kempe le démontre en 1877. Le théorème qui porte son nom énonce que les courbes algébriques correspondent exactement à celles qui peuvent être générées par un système articulé (à l'instar des compas cartésiens).

63 AT VI, 390.

64 AT, VI, 392. Nous soulignons.

OJ, observe un mouvement de rotation uniforme (c'est-à-dire avec une vitesse angulaire constante), jusqu'à ce qu'elle coïncide avec OI ; tandis que JK descend uniformément, de manière rectiligne, pour venir également s'appliquer sur OI. Les intersections de ces deux lignes donnent la quadratrice.

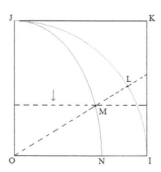

FIG. 1 – La construction dynamique de la quadratrice.

Or, les deux mouvements qui permettent de la construire sont :

(i) séparés : or, le tracé est refusé lorsque l'on a affaire à plusieurs mouvements non coordonnées entre eux, que Descartes nomme « séparés », c'est-à-dire à des mouvements circulaires et rectilignes qui interdisent que l'on puisse déterminer, à partir d'une position quelconque de l'un des segments, la position correspondante de l'autre :

> [...] la spirale, la quadratrice, et semblables, qui n'appartiennent véritablement qu'aux mécaniques, et ne sont point du nombre de celles que je pense devoir ici être reçues, à cause qu'on les imagine décrites par deux mouvements séparés, et qui n'ont entre eux aucun rapport qu'on puisse mesurer exactement [...]

et (ii) qu'ils sont de nature différente, puisqu'on effectue dans le premier cas une rotation uniforme, qui correspond à un mouvement circulaire, et un mouvement uniforme, qui est rectiligne, dans le second[65].

Il ne s'agit donc pas d'une courbe « géométrique », du fait qu'il n'y a pas de proportion entre les deux mouvements générateurs, étant issue

---

65   Ces deux « défauts » renvoyant l'un à l'autre.

d'un mouvement interrompu. L'interruption du mouvement (qui correspond à une discontinuité du tracé) et l'absence de proportion renvoient ainsi pour Descartes au non algébrique, c'est-à-dire au transcendant.

Cette distinction entre courbes algébriques et transcendantes permet à Descartes de classifier les premières, en fonction de leur degré, lequel est en relation avec celui de leur équation correspondante[66].

Cette clarification et cette réorganisation du champ mathématique, si salutaires ont-elles été, ont conduit Descartes à y établir des frontières strictes. En effet, ce qui n'est pas connaissable algébriquement est inexact, et ce qui n'est pas susceptible d'exactitude est rejeté hors du domaine de la connaissance. On le sait, la figure de la vérité cartésienne, c'est la certitude, et la certitude, c'est l'exact.

Mais on peut toutefois mathématiquement s'approcher de ce qui non algébrique et inexact : approximer l'inexact requiert alors l'infini comme outil mathématique, comme l'avaient fait Bonaventura Cavalieri, un peu avant Descartes, ou bien Grégoire de saint Vincent, au même moment, par exemple[67]. Or, bien que de tels résultats, issus de procédures infinitésimales, furent rejetés officiellement par Descartes, ce dernier savait les utiliser et les employa.

LE RECOURS NÉCESSAIRE ET ILLÉGITIME DE L'INFINI DANS LA MATHÉMATIQUE CARTÉSIENNE NON OFFICIELLE[68]

Descartes manifesta sa maîtrise des procédures infinitésimales pendant toute sa vie[69]. Nous allons voir quelle méthode, impliquant l'utilisation de l'infini pour résoudre un problème mathématique, il employa.

En fait, Descartes refuse la méthode pour trouver les tangentes découverte par Fermat vers 1638[70]. Ce refus est fondé sur deux raisons :

---

66   Sur ce point, voir J. Vuillemin, [13].

67   L'infini du côté de la petitesse cette fois-ci. Cela étant dit, qu'il s'agisse de l'infiniment grand ou de l'infiniment petit, le problème est le même pour Descartes : on est du côté de m'absence de proportion, et donc de l'incommensurable.

68   Pour un développement précis de ce point, voir V. Jullien [7.2], et Yvon Belaval, Leibniz, critique de Descartes, cité par ce dernier.

69   Nous ne parlerons pas de l'infiniment grand dans la pratique mathématique cartésienne, puisqu'il estime qu'on ne peut manipuler des grandeurs infinies au sein d'une arithmétique. Voir notre note 23.

70   Au sujet des travaux de Fermat, npus renvoyons à l'article d'Enrico Giusti, « Les méthodes des maxima et minima de Fermat », Annales de la Faculté des sciences de Toulouse, Mathématiques, T. XVII, n° S2 (2009), 59-85.

(i) Fermat introduit des quantités, les indivisibles, inacceptables aux yeux de Descartes puisqu'il s'agit de quantités infiniment petites qui peuvent à la fois servir à diviser d'autres quantités et être négligées à la fin du calcul.

(ii) Fermat utilise une relation entre deux longueurs, qu'il appelle « adégalité », qui diffère de l'égalité sans signifier la différence, puisqu'il s'agit d'une identité à la limite. On sait quel avenir aura l'attitude fermatienne contre la rigidité cartésienne.

Cela dit, si on met de côté la méthode des tangentes de Descartes, qui obéit selon lui à ses propres contraintes, on trouve introduit par Fermat ce que Descartes refuse mathématiquement : l'approximation opposée à l'exactitude. Or, c'est bien la présence de l'infini dans la méthode de Fermat qui condamne ces procédés à l'inexactitude. En effet, l'infini s'y trouve sous la forme de ce qui est plus petit, infiniment, que n'importe quelle quantité donnée, et de la limite, telle qu'elle existera, comme ce vers quoi se rapprochent des quantités infiniment petites en nombres infini, jusqu'à ce que le concept de limite acquiert une définition rigoureuse au XIXᵉ siècle, avec Cauchy[71].

Pourtant, comme nous l'avons dit, Descartes a non seulement utilisé, mais trouvé de telles méthodes illégitimes à ses yeux.

(i) en 1618, cherchant une loi de la chute des corps, il est conduit à diviser une aire en une infinité de segments.

(ii) en 1638, il développe une méthode pour déterminer la normale[72] à la cycloïde, qui est une courbe transcendante.

(iii) en juin 1645, au sujet d'un problème que lui avait soumis quelques années auparavant un mathématicien français, De Beaune, il s'intéresse à une autre courbe transcendante, la courbe logarithmique.

L'année 1638-1639 lui permit par exemple d'obtenir les résultats suivants : il calcula l'aire de la cycloïde, en utilisant des indivisibles ; il développa une méthode extra-géométrique pour trouver les tangentes aux courbes non-algébriques, grâce aux centres instantanés de rotation ; puis, il résolut le problème de De Beaune, en donnant une approximation précise des ordonnées de la courbe cherchée[73].

---

71 Pour être bref, disons qu'un nombre réel devient la limite d'une suite de rationnels.
72 Il s'agit de la perpendiculaire à la tangente, et qui permet de déterminer cette dernière.
73 Respectivement : (i) lettres à Mersenne du 27/05/1638 et du 27/07/1638 ; précisons que les démonstrations données dans ces deux lettres ne sont pas les mêmes ; AT II, 122-137

Considérons brièvement le premier exemple. Cherchant à quarrer la cycloïde, Descartes procède à la « sommation » d'un nombre infini de lignes afin d'en mesurer l'aire inconnue. En fait, sa démonstration est fondée sur la limite des polygones inscriptibles. Le 27 mai 1638, il précise que nous n'avons qu'à « insérer » au fur et à mesure des polygones de plus en plus petits, « et ainsi à l'infini[74] ». Puis, le 27 juillet de la même année, livrant une démonstration différente du même problème, il indique que l'on peut effectuer cette inscription ... Il donne alors une solution exacte au problème[75], tout en ayant employé une méthode interdite : l'aire cherchée égale trois demi-cercles.

On peut également noter que Descartes aurait eu les moyens de développer ce qu'il avait deviné : que l'inverse de sa méthode permettant de trouver la normale à une courbe nous autoriserait à en déterminer l'aire. Descartes avait donc perçu les deux aspects du calcul, qu'on appellera bientôt avec Leibniz calcul infinitésimal, c'est-à-dire qu'il avait vu le lien qui existait entre la détermination de la tangente (la dérivation) et l'opération inverse de détermination de l'aire sous une courbe (l'intégration). C'est pour cette raison que J. Vuillemin affirmera que « Descartes peut donc bien être regardé comme l'un des fondateurs du Calcul infinitésimal, techniquement parlant[76] ».

CONCLUSION

Deux points semblent devoir être soulignés.

(1) tout d'abord, on peut considérer la preuve de l'existence de Dieu cartésienne, telle qu'elle apparaît dans la III\e méditation, comme (i) une preuve de l'existence de l'infini en acte, (ii) qui vaut également pour

---

et 257-263 ; (ii) au même, 23/08/1639, AT II, 307-338 ; à De Beaune, 20/02/1639, AT II, 510-519.

74 AT II, 135-136.

75 Ce qui ne sera pas le cas pour le problème de De Beaune, auquel Descartes livre une solution approximatif. Ainsi que V. Jullien le précise [7.2], on a pourtant affaire à une approximation précise. En outre, Descartes identifie clairement cette courbe à la logarithmique. Il était alors très proche de méthodes différentielles, qui complètent le caractère intégral des autres problèmes évoqués.

76 [13], p. 73.

l'infini quantitatif. En effet, pour fonctionner, cette démonstration suppose qu'il y a (*in actu*) un *nombre infini* de degrés entre ma finitude et l'infinité de Dieu.

En d'autres termes, la présence en moi de l'idée d'infini (est vraiment infini ce qui est infini sous tous ses aspects) appelle une déduction qui contient *de jure* l'infini lui-même, cette idée d'infini impliquant (au sens logique) un nombre infini actuel correspondant à la distance infini actuelle qui existe entre moi et Dieu, puisque ce dernier est l'être infiniment infini. Étant simple, il est un ; de la sorte, il représente une totalité infinie.

(2) ensuite, une hypothèse : Descartes avait-il raison de critiquer le caractère flou et inexact des procédés utilisant les quantités infiniment petites et les limites, en dépit des travaux de Leibniz et de Newton ? Ne s'est-il pas fait l'écho, mais un peu trop tôt, de la volonté de rigueur qui sera celle de Cauchy deux siècles plus tard ?

Or, nous pensons que ces deux points ne sont pas disjoints, qu'il y a, chez Descartes, un lien entre ces eux : entre son exigence de rigueur, qui prit le visage de conditions algébriques, et sa volonté de ne reconnaître comme véritable infini que l'infini en acte, ce qui l'a conduit à rejeter toutes les procédures mathématiques infinitésimales, puisqu'elles se fondaient sur l'infini potentiel. La véritable raison de son refus d'employer l'infini en mathématique serait alors qu'il lui aurait fallu trouver un infini en acte manipulable mathématiquement, à la hauteur de celui qu'il avait trouvé en métaphysique et qu'il appela, tout à fait classiquement, Dieu.

Olivia CHEVALIER
Institut Mines-Telecom
Ponts et Chaussées

BIBLIOGRAPHIE

ARISTOTE, *Physique*, trad. A. Stevens, Paris, Vrin, 1999. [1]

BOS, H.J.M., *Redefining geometrical exactness*, New York, Springer, 2001. [2]

DESCARTES, R., *Œuvres complètes*, Paris, Vrin, « Bibliothèque des Textes Philosophiques », 1996. [3]

GILSON, E., *Commentaire du Discours de la méthode*, Paris, Vrin, 1925. [4]

GOUHIER, H., *La pensée métaphysique de Descartes*, Paris, Vrin, 1999. [5]

ISRAEL, G., « The Analytical Method in Descartes' *Geometry* », in Analysis and Synthesis in Mathematics, éd. Otte M. et Panza M., Dordrecht, Boston, London, Kluwer, 1997. [6]

JULLIEN, V., *La Géométrie de 1637*, Paris, PUF, 1996. [7.1]

JULLIEN, V., *Philosophie naturelle et géométrie à l'âge classique*, Paris, H. Champion, 2006. [7.2]

KOYRE, A., *Entretiens sur Descartes*, in *Introduction à la lecture de Platon*, Paris, Gallimard, 1962. [8]

LAUTMAN, A., *Essai sur les notions de structure et d'existence en mathématiques*, in *Essai sur l'unité des mathématiques*, Paris, 10/18, 1977. Nouvelle édition, in *Les mathématiques, les idées et le* réel physique, Paris, Vrin, 2006. [9]

LEVY, T., *Figures de l'infini, Les mathématiques au miroir des cultures*, Paris, Seuil, 1987. [10]

PANZA, M., *Newton et les origines de l'analyse : 1664-1666*, Paris, A. Blanchard, 2005. [11]

TIMMERMANS, B., *La Résolution des problèmes de Descartes à Kant*, Coll. « l'interrogation philosophique ». Paris, PUF, 1995. [12]

VUILLEMIN, J., *Mathématiques et métaphysique chez Descartes*, Paris, PUF, 1960. [13]

INDEX DES NOMS PROPRES

INDEX DES NOTIONS

RÉSUMÉS

Vincent Jullien, « La clairvoyance cartésienne sur la notion de limite »

On classera en quatre genres les activités géométriques de Descartes. *Les Météores* constituent le premier ; résolutions et démonstrations de problèmes employant des procédures infinitésimales, le second ; sa participation au programme de mathématisation des phénomènes, le troisième ; le quatrième résulte de son projet visant à justifier rationnellement le mécanisme en philosophie naturelle. Situer ces manières de faire de la géométrie dans son système et d'en pointer les difficultés était utile.

Marco Panza, « La géométrie de Descartes est-elle une extension de celle d'Euclide ? »

Dans cet article nous cherchons à montrer comment la géométrie de Descartes s'enracine dans une vision de la nature de la géométrie dérivant directement de la manière classique de faire et concevoir celle-ci, se retrouvant dans les Éléments d'Euclide. En particulier, nous insistons sur la structure de l'ontologie de la géométrie et sur le rôle crucial joué par la solution des problèmes dans la constitution de celle-ci.

Jean Dhombres, « Preuves et ontologie chez Descartes. Ce que pourvoit la postérité de la méthode des coefficients indéterminés »

Lire la postérité de la méthode des coefficients indéterminés, d'aujourd'hui au texte de Descartes, c'est tester le lien entre preuves, définitions et créations dans le cadre de ce qui a été la « réforme des mathématiques ». Nous ferons l'étymologie épistémologique du polynôme, en disant réels les coefficients. Ce n'est pas un « étant donné » de l'ordre euclidien de l'évidence axiomatique : il n'y avait aucune évidence pour un polynôme dont la postérité est plurielle, et pas toujours banale.

Benoît Timmermans, « La méthode cartésienne face aux questions numériques. Sur "l'invention" d'un nombre parfait impair »

Dans sa lettre du 9 janvier 1639 à Frenicle de Bessy, Descartes propose une curieuse méthode de construction de nombres parfaits impairs. Même si l'algorithme échoue à produire le résultat escompté, il présente des traits mathématiques et méthodologiques intéressants qui sont ici situés dans le contexte scientifique de l'époque et dans l'économie générale de l'œuvre de Descartes.

Jean-Michel Salanskis, « Descartes et la philosophie des mathématiques »

Descartes, qui était philosophe et mathématicien, n'a pas adopté l'attitude de la philosophie des mathématiques. Pour le montrer, on analyse sa conception de l'infini, de l'intuition et de l'énumération ; puis sa vision du rapport entre mathématiques et philosophie, entre logique et mathématiques, celle du statut de l'objet des mathématiques, sa perception de l'historicité des mathématiques et son intervention dans l'organisation des branches de la mathématique.

Julien Copin, « L'expérience logique du *Cogito* »

On propose une analyse logique du *Cogito*. Dans cette expérience de pensée, Descartes découvre *via* la fiction du malin génie l'impossibilité de douter de la proposition « j'existe ». Le *Cogito* n'est pas un syllogisme et la fiction n'est pas un raisonnement par l'absurde. Acte irréductible aux formes logiques traditionnelles, il permet de découvrir un *ordre des certitudes*, distinct de l'*ordre logique* et de l'*ordre chronologique* qui régissent le rapport entre les énoncés d'après leur contenu.

Olivia Chevalier, « L'introduction de l'infini dans les démonstrations cartésiennes. Métaphysique et mathématiques »

Quel emploi démonstratif de l'infini Descartes fait-il dans sa métaphysique et ses mathématiques ? Le problème traité est double : (i) l'utilisation de l'infini considéré comme légitime par Descartes dans le premier domaine, mais pas dans le second ; (ii) l'usage, illégitime à ses yeux, de méthodes infinitésimales en géométrie. Ainsi, en dépit d'une résistance officielle à reconnaître et à employer un infini mathématique véritable, sa démarche métaphysique le présupposerait au contraire.

TABLE DES MATIÈRES

DEUXIÈME PARTIE

PHILOSOPHIE
DES MATHÉMATIQUES CARTÉSIENNES

IMPRIM'VERT®

Achevé d'imprimer par Corlet,
Condé-en-Normandie (Calvados),
en Août 2022
N° d'impression : 177286 - dépôt légal : Août 2022
Imprimé en France